생각의 기원

# 생각의 기원

### 영장류학자가 밝히는 생각의 탄생과 진화

마이클 토마셀로 지음 | 이정원 옮김

이데아

# 무엇이 인간의 생각을
# 독특하게 만드는가?

이 책은 《인간 인지의 문화적 기원The Cultural Origins of Human Cognition》(Havard University Press, 1999)의 속편, 또는 프리퀄에 해당한다. 하지만 이 책은 주안점이 약간 다르다. 1999년에 낸 책에서 나는 무엇이 인간의 인지 cognition를 독특하게 만드는지를 탐구했으며, 문화라는 답을 얻었다. 인간은 관습언어를 포함한 온갖 종류의 문화적 유산과 관행 속에서 자라기 때문에 유례없이 강력한 인지능력이 있다. 물론 인간은 인지능력을 익히는 데 필요한 문화적 학습 능력도 갖추고 있다. 우리는 문화유산과 관행을 내면화하고, 그것들이 세계와의 모든 인지적 상호작용을 중재한다.

이 책에서 나는 비슷한 질문을 던진다. '무엇이 인간의 생각thinking

을 독특하게 만드는가?' 그리고 비슷한 답을 얻었다. '인간의 생각은 근본적으로 협력적이다.' 그러나 이렇게 조금 다른 질문과 답 덕분에 이 책은 전혀 달라졌다. 1999년에 출간한 책은 유인원과 인간을 비교한 자료가 너무 없었기 때문에 다소 단순한 논증을 통해 "인간만이 지향적인 행위자로서 서로를 이해하기 때문에 인간 문화가 형성되었다"라고 결론 내렸다. 그러나 이제 우리는 상황이 더 복잡하다는 것을 알고 있다. 예전에 믿어 왔던 것보다 대형 유인원은 다른 개체를 지향적 행위자로서 더 많이 이해하고 있는 것으로 보인다. 그러나 여전히 이들은 인간과 같은 문화나 인지능력을 갖지는 못했다. 많은 연구 결과에 따르면, 인간은 다른 사람들을 지향적 행위자로 이해할 뿐 아니라 공동의 목적을 위해 다른 사람들과 머리를 맞대고 문제를 해결한다는 점에서 대형 유인원과 결정적인 차이를 보인다. 협력하여 문제를 해결하는 구체적인 행동에서부터 복잡한 문화제도에 이르는 모든 것이 이에 해당한다. 이 책에서는 전달 과정의 문화보다는, 사회적 조정 과정의 문화에 더 주안점을 둔다. 실제로 나는 이 책에서, 개인이 다소 간단한 협력적 수렵 활동을 타인과 함께 수행하면서 겪어온 진화 단계 덕분에 현대 인류 문화가 형성되었다고 주장한다.

이 책이 특별히 생각에 초점을 맞춘 것은, 인간이 타 영장류들과는 다른 방식으로 지향점 공유에 참여한다는 사실을 다른 책에서처럼 단순하게 기술하지 않기 위해서다. 더 나아가, 오히려 그와 관련된 기저의 사고 과정을 면밀히 살펴볼 것이다. 인간 사고 과정의 본질을 설명하기 위해, 특히 인간의 생각을 다른 유인원의 생각과 구별하기 위해 생각을 표상·추론·자기관찰이라는 구성 요소로 나눠 보았다. **지향점 공유 가설**shared intentionality hypothesis은 인간의 진화 과정에서 생각의 세 구성 요소가 두 단계에 걸쳐 변화했다는 주장이다. 두 단계 모두에서 그러한 변화는 사회적 상호작용과 조직의 큰 변화의 일부여서, 인간은 더욱 협력적인 생활방식을 채택할 수밖에 없었다. 생존과 번영을 위해 인간은 협력적(그리고 문화적) 활동에서 다른 사람들과 자신의 행동을 조정하는 방법, 협력적(그리고 관습적) 의사소통에서 타인과 지향적 상태를 조율하는 방법을 새롭게 찾아야 했다. 그리고 이는 인간의 사고방식을 두 번에 걸쳐 바꿔 놓았다.

이 책을 쓰면서 많은 사람의 도움을 받았다. 우선 피츠버그대학교 과학철학센터의 존 노턴John Norton 교수에게 감사를 전한다. 나를 초청해 준 덕분에 2012년 봄을 조용히 지내며 책에 집중할 수 있었다. 특히 이 시기에 시간을 내어 의견을 들려준 밥 브랜덤Bob Brandom에게도 감사를 전하고 싶다. 피츠버그대학교 심리학과의 셀시아 브라우넬Celia Brownell과 카네기멜론대학교의 앤디 노먼Andy Norman과 나눈 토론도 큰 도움이 되었다. 그해 여름에는 베를린의 짐 코난트Jim Conant와 제바스티안 뢰들Sebastian Rödl이 주최한 여름학교 '두 번째 인간: 비교학적 관점 The Second Person: Comparative Perspectives'에 초청받아 이 책의 내용을 정리해 강의할 기회가 있었다. 도움을 주신 모든 분들 덕분에 책의 내용이 더욱 좋아졌다.

래리 바살로Larry Barsalou, 마티아 갈로티Mattia Galloti, 헨리크 몰Henrike Moll, 마르코 슈미트Marco Schmidt는 책의 일부를 미리 읽어 보고 많은 의견을 주었다. 특히 리처드 무어Richard Moore와 하네스 라코치Hannes Rakoczy는 초고를 끝까지 읽어 주었고 내용과 표현을 고쳐 주었다. 원고를 마무리하기 전에 좋은 비평을 해주었던 엘리자베스 놀Elizabeth Knoll과 하버드 대학교 출판부의 익명 리뷰어 세 분에게도 감사를 표한다.

마지막으로 아내 리타에게 감사를 전한다. 아내와의 토론 덕분에 많은 아이디어가 명확해졌고, 아내의 문학적 재능이 서툰 표현을 분명한 단어로 바꿔 주었다.

# 차례

서문 무엇이 인간의 생각을 독특하게 만드는가? • 4


1장
지향점 공유 가설 • 11
협력하는 동물에게 주어진 특혜

2장
개인 지향성 • 21
유인원도 생각한다

인지의 진화 • 24
유인원은 생각한다 • 34
경쟁을 위한 인지능력 • 50

3장
공동 지향성 • 59
인간의 생각이 침팬지와 다른 이유

새로운 유형의 협력 • 63
새로운 유형의 협력 커뮤니케이션 • 85
양자 간 생각 • 113
관점: 시점을 옮길 수 있는 능력 • 123

4장
집단 지향성 • 129
어느 누구의 관점도 아닌 생각의 탄생

문화의 출현 • 133
관습 커뮤니케이션의 출현 • 148
주체 중립적 생각 • 177
객관성: 특정한 시점이 없는 관점 • 186

5장
협력에 기원을 둔 인간의 생각 • 191
인간만의 전유물, 생각에 깃든 사회성

인간 인지의 진화 이론들 • 195
사회성과 생각 • 206
개체발생의 역할 • 220

결론
화석 없는 세계에서 생각의 기원을 찾다 • 227

옮긴이의 글 • 237
참고문헌 • 242
찾아보기 • 259

A Natural History of Human Thinking

## 1장

# 지향점 공유 가설

협력하는 동물에게 주어진 특혜

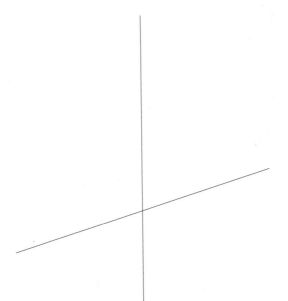

협력이 사고를 만들었다.

**장 피아제**, 《사회학 연구(Sociological Studies)》

생각은 온전히 개인적인 활동으로 여겨진다. 그러나 다른 동물은 어떻지 몰라도, 인간의 사고 과정은 개인적인 것이 아니다. 생각을 재즈에 비유해 보자. 재즈 연주는 피아노 앞에 앉아 있는 사람 혼자만의 것이 아니다. 악기를 만든 사람, 재즈의 전통을 이어 온 연주자들, 합주에 참여한 동료 음악가들, 수많은 명곡을 탄생시킨 재즈의 역사, 연주실 밖의 보이지 않는 청중까지 피아노 연주에 영향을 미친다. 인간의 생각도 재즈와 같아서 개인적이면서도 사회문화적이다.

사회성에 바탕을 둔 인간의 사고능력은 어떻게 생겨났으며, 어떻게 작동할까? 일부 학자들은 문화의 역할을 강조하여, 사회 문화가 구성원들의 생각을 만든다고 보았다. 예컨대 게오르크 빌헬름 프리드리히 헤겔Georg Wilhelm Friedrich Hegel(Hegel, 1807)은 사회의 관습과 제도, 이데올로기가 구성원의 생각을 주조하는 거푸집과 같다고 했다(Collingwood, 1946도 참고하라). 찰스 샌더스 퍼스Charles Sanders Peirce는 기호의 역할에 주목했는데, 수학이나 형식논리학, 사실상 인간의 모든 정교한 생각이 아라비아 숫자와 논리 기호에 의해서 가능해졌다고 생각했다(Peirce, 1931-1935). 레프 비고츠키Lev Vygotsky(Vygotsky, 1978)는 문화적 도구와 상징, 특히 세계를 기술하는 언어적 기호에 영향을 받으며 자란 아이들이 기호 사용을 내면화함으로써 일종의 독백이 가능해졌으며, 그것이 바로 생각의 원형이라고 주장했다(Bakhtin, 1981도 참고하라).

다른 학사들은 사회적 조정을 중요시했다. 조지 허버트 미드George Herbert Mead는 사람들이 상호작용(특히 의사소통)하기 시작하면서 다른 사람의 입장과 관점을 이해할 수 있게 되었다고 주장했다(Mead, 1934). 피아제Jean Piaget는 이러한 능력이 협력적인 태도, 문화와 언어를 만들어냈을 뿐 아니라 그 덕분에 개인의 관점을 공동체의 규범 아래 놓을 수 있게 되었다고 주장했다(Piaget, 1928). 루트비히 비트겐슈타인Ludwig Josef Johann Wittgenstein은 언어적 관습이나 문화적 규범보다 일련의 사회적 관행과 판단('삶의 형식')에 대한 합의가 먼저라고 했다(Wittgenstein, 1955). 사회적 관행과 판단이 실용적으로 기능할 때 언어와 규범은 의미를 획득한다. 이른바 사회성 이론가들social infrastructure theorists은 언어와 문화를 케이크 장식 정도로 치부하며, 고도의 사회성에 기반한 인지적 상호작용을 더 근본적인 것으로 보았다.

그러나 위에 언급한 학자들은 중요한 퍼즐 조각을 놓치고 있었다.

인간이 아닌 다른 영장류가 놀랍도록 정교한 인지능력을 갖고 있다는 사실이 실험으로 밝혀진 것은 최근 20~30년의 일이다(Tomasello and Call, 1997; Call and Tomasello, 2008). 대형 유인원은 인과와 지향성을 이해하며, 물리적 세계와 사회적 세계의 많은 측면을 사람과 같은 방식으로 이해한다. 이제 우리는 새로운 주장을 할 수 있게 되었다. 인간의 사고는 인간 특유의 사회성, 문화, 언어에서 기원한 것이 아니라 대형 유인원의 문제 해결 능력에서 비롯한 것이다.

아이들을 대상으로 했던 실험도 많은 사실을 밝혀 주었다. 언어를 사용하기 전의 아이들은 문화의 영향을 거의 받지 않았는데도 유인원과는 다른 방식으로 세상을 인지한다. 아기들은 대형 유인원과는 다른 방식, 예컨대 공동 관심과 협력 커뮤니케이션으로 다른 사람들과 사회적 관계를 맺는다(Tomasello et al., 2005). 문화와 언어의 세례를 받지 않은 아기들도 이미 인간 특유의 인지능력을 가진다는 사실은 사회성 이론가들의 주장을 뒷받침한다. 인간 특유의 생각은 문화와 언어가 아니라 원초적인 사회성에서 기원한다.

최근 행동철학의 발전으로 인간 특유의 사회성을 새로운 관점에서 볼 수 있게 되었다. 행동철학자들(예를 들어 Bratman, 1992; Searle, 1995; Gilbert, 1989; Tuomela, 2007)은 인간이 어떻게 다른 사람들과 지향점을 공유하고 그에 따라 행동하는지 연구했다. 인간은 다른 사람들과 협동할 때 공동 목표와 관심을 설정하고 그에 따라 역할을 조정한다(Moll and Tomasello, 2007). 공동 행동과 공동 관심을 구체적으로 명시하는 습성은 좀 더 추상적인 형태(문화적 관행)로 이어졌으며, 사회적 합의에 의해서 문화제도로 발전했다. 일반적으로 인간은 다른 사람들과 조화를 이루는 능력을 가졌으며, 다른 영장류들은 그렇지 못하다. 인간은 '우리'라는 동류의식 아래 행동하며 협동 사냥, 제도처럼 문화라 부를 수 있는 것들을 만들어 냈다.

인간 특유의 협력과 지향점 공유 가설을 조금 더 발전시켜 보자. 인간의 협력적인 의사소통에는 지향적이고 추론적인 과정이 필요하다(허버트 폴 그라이스(Grice, 1957, 1975)가 처음 제기했고 댄 스퍼버와 디어더 윌슨Deirder Wilson(Sperber and Wilson, 1996), H. 클라크(Clark, 1996), 스티븐 C. 레빈슨(Levinson, 2000), 마이클 토마셀로(Tomasello, 2008)가 다듬었다). 인간은 다른 사람을 **위해** 외적 의사소통 방식으로 상황이나 사물을 개념화하며, 상대방은 그 정보가 자신과 어떤 관련이 있는지 판단하려고 한다. 이러한 의사소통 과정에는 우선 자신의 지향점을 공유하려는 동기와 기술이 필요하며, 자신의 지향성에 대한 상대방의 반응을 추론하기 위한 복잡하고 재귀적인 과정이 필요하다. 이러한 의사소통은 서로가 관념의 틀을 공유하고 상대방의 입장과 관점을 평가할 수 있다는 전제가 바탕이 되어야 한다.

이제 우리는 인간 사고의 사회적 측면에 대해 예전보다 자세히 설명할 수 있게 되었다. 이 책에서는 호모 사피엔스의 생각, 특히 사회성과 관련한 특징에 주안점을 둔다. 인간을 포함한 많은 동물이 진화로 축적된 직관(System I process)에 의존하여 다양한 문제를 해결하고 의사 결정을 하지만, 인간과 일부 동물은 생각(system II process, 대니얼 카너먼(Kahneman, 2011))을 활용하기도 한다. 이 책에서는 두 번째 시스템인 생각으로 범위를 한정한다. 생각이라는 것은 세 가지 요소로 이루어진다. 첫째, 자신의 경험을 다른 사람에게 '오프라인'으로 전달하는 인지적 표상이다. 둘째, 표상을 시뮬레이션하거나 인과, 지향성, 논리를 추론하는 능력이다. 셋째, 자신을 관찰하거나 시뮬레이션의 결과를 평가하고 행동을 결정하는 능력이다.

다른 동물종에 견주어 인간의 사고 과정이 특별하다는 것은 분명해 보인다. 그러나 고전적 이론은 이러한 차이가 생기는 이유를 설명하지 못한다. 사실상 진화로부터 얻어진 특징들을 미리 전제하고 있기 때문이다. 많은 동물이 약간씩은 상황과 사물을 추상적으로 표현할 수 있을 것이다. 그러나 인간만이 (심지어 상반되는 입장이라 하더라도) 다른 사람의 입장에서 상황과 사물을 개념화할 수 있으며, 결국 그것이 '객관성'으로 발전한다. 또한 많은 동물이 간단한 인과와 의도를 추론할 수 있을지 몰라도, 오직 인간만이 다른 사람의 의도를 재귀적으로 추론하고 자신의 지향적 상태intentional state를 성찰적으로 들여다볼 수 있다. 또한 많은 동물이 도구적 성공이라는 측면에서 자신의 행동을 평가할 수 있을지는 몰라도, 오직 인간만이 집단의 기준(근거)에 따라 자신의 생각을 평가한다. 인간의 사고 과정은 특유의 사회성에 기반하여 다른 동물들과는 많이 다른데, 그러한 특징들을 요약하여 **객관적—성찰적—규범적 생각**objective- reflective- normative thinking이라 부르자.

나는 이 책에서 인간의 객관적—성찰적—규범적 생각의 진화 과정을 재구성하려고 한다. **지향점 공유 가설**에서는 표상과 추론, 자기 관찰로 이루어진 인간의 생각을 진화적 적응의 결과로 본다. 생각은 본래 사회적 조정 문제, 특히 다른 사람들과 소통(협동)하면서 발생하는 문제를 해결하기 위한 것이었다. 인간의 유인원 조상들이 사회성을 가졌다 할지라도 그들은 대체로 개인적이고 경쟁적이었으며, 그들의 생각은 개인적인 수준의 목적을 달성하기 위한 것이었다. 그런데 어느 시기에 환경이 바뀌어 협력하지 않으면 생존하기 어려운 상황이 되었을 것이다. 개인 간의 공동 목적, 더 나아가 공동체의 목적을 달성하기 위해서는 다른 개체들과 협동할 필요가 있었으며, 이를 위해 초기 인류는 생각하는 방식을 바꿔야 했다. 그리고 이러한 생각의 진화가 그 후 모든 것을 바꿔 놓았다.

인간의 생각은 크게 두 단계로 진화했다. 첫 단계는 미드와 비트겐슈타인처럼 사회성을 중시하는 관점을 반영한다. 이 시기에 인간은 새로운 형태의 소규모 협력을 시작했다. 협력 사냥에 참여한 초기 인류는 목표와 관심을 공유했다. 그들은 즉석에서 '삶의 형식'을 공유하고 공동의 목표에 따라 각자의 역할과 관점을 설정했다. 역할과 관점을 조정하기 위해 초기 인류는 손가락과 팬터마임을 사용한 자연적인 몸짓으로 새로운 협력 커뮤니케이션을 발전시켰다. 초기 인류는 공동 활동과 '관련된' 것에 대한 상대방의 관심을 요구하고 상대방이 그것을 상상할 수 있도록 관점적이고 상징적으로 표현했고, 상대방은 의도를 파악하기 위해 협력적인(재귀적인) 추론을 했다. 그래서 의사소통을 하려는 사람은 상대방의 추론을 미리 예측해야 했다. 첫 단계의 협력과 커뮤니케이션은 두 사람 사이에 형성된 양자 간 사회적 활동에서 비롯되었으며, 나는 이것을 **공동 지향성**joint intentionality이라 부른다.

생각의 세 요소와 관련지어 말하면, 공동 지향은 관점과 상징에 의한 표상, 사회적 재귀 추론, 양자 간 자기관찰의 성격을 갖는다.

　인구 규모가 커지고 집단 간 경쟁이 시작되면서 진행된 생각의 두 번째 진화 단계는 레프 비고츠키와 미하일 미하일로비치 바흐친Mikhail Mikhailovich Bakhtin처럼 문화를 중시하는 학자들의 관점을 반영한다. 경쟁이 심해지자 집단생활이 하나의 거대한 협력 활동이 되었으며, 초기 인류는 이전보다 훨씬 크고 영속적인 공통의 세계, 즉 문화를 만들어 냈다. 집단 전체가 공유하는 문화적 관습, 규범, 제도를 통해 공통의 **문화**를 만들어 내는 새로운 능력은 문화적 집단 구성원들(집단 내 이방인들을 포함하여) 모두에게 집단의식group-mindedness을 싹트게 했다. 이러한 과정을 거치며 협력적인 의사소통은 관습언어가 되었다. 공동체의 중요한 일을 협력적인 토론으로 결정하는 과정에서 언어는 자신의 주장을 공동체의 규준에 따라 정당화하기 위한 논증의 도구로 사용될 수 있었다. 이는 '아무개의' 관점에서 주체와 무관하게 '객관적'인 논증을 하게 되었다는 것을 의미한다. 이 시기의 협력과 의사소통은 관습적이고 제도적이며 규범적이었다. 나는 이것들을 통틀어 **집단 지향성**collective intentionality이라 부른다. 생각의 세 요소와 연관지어 말하면, 집단 지향은 단지 상징과 재현에 의한 표상이 아니라 관습과 '객관'에 의한 표상을 활용하며, 재귀적인 추론에 그치는 것이 아니라 성찰적이고 논리적인 추론을 펼치며, 양자 간 자기관찰이 아니라 문화적 규범에 기반한 자기규제를 수행한다.

　인간이 태어날 때부터 이러한 사고방식을 갖고 태어나는 것은 아니다. 무인도에서 자란 아이라면 인간 특유의 사고를 완전한 형태로 할 수는 없을 것이다. 오히려 그 반대일 것이다. 모든 아이는 다른 사람들과 협력하고 소통하고 배우는 유전자를 가지고 태어나지만 타인과 사회적 상호작용을 하며 생각하는 훈련을 하지 않는다면, 타인과의 상호작용을 내면화하여 새로운 표상과 추론 방식을 스스로 만들기는 어려울 것이다. 또한 대형 유인원의 협력적이고 집단적인 사고와 크게 다르지 않은 방식으로 생각하며 살게 될 것이다.

이제 생각의 진화 이야기를 시작해 보자. 유인원 조상에서 출발하여 종 특유의 방식으로 협력하고 소통했던 일부 초기 인류를 지나 문화와 언어를 구축한 현대 인류에 이르는 여정으로 여러분을 초대한다.

A Natural History of Human Thinking

2장

# 개인 지향성

유인원도 생각한다

이해는 사실에 상상을 더하는 것이다.
**비트겐슈타인**, 《큰 타자원고(The Big Typescript)》

동물의 인지능력은 자연선택의 결과로 얻은 것이다. 그러나 인지능력은 자연선택의 직접적인 목표가 될 수 없다. 생각은 보이지 않는다. 생각은 구체적인 행동으로 드러날 때 비로소 자연선택의 시험을 받는다(Piaget, 1971). 따라서 그저 좋은 생각이 아니라 좋은 행동을 이끌어 내는 생각들이 진화한다.

동물의 행동을 다루는 기존 이론으로는 행동주의와 동물행동학이 있다. 동물행동학은 인지능력에 거의 관심을 기울이지 않았고, 행동주의는 철저하게 냉담한 태도를 취했다. 비록 행동주의와 동물행동학에서 최근 인지능력을 어느 정도 다루기는 하지만 체계적인 이론을 제시하지는 못하고 있다. 현재까지는 인지능력의 진화에 관한 어떠한 연구도 체계적인 이론에 도달하지 못했다.

인간의 생각이 진화한 여정을 따라가기 전에, 먼저 인지능력의 진화 이론들을 살펴보아야 한다. 그다음에는 기존의 이론적 근거를 가지고 대형 유인원의 인지와 생각을 살펴볼 것이다. 인간이 다른 영장류와 갈라져 나오면서 생각이 진화하기 시작했다고 본다면, 현재의 대형 유인원에게서 초기 인류에 대한 힌트를 찾을 수 있을 것이다.

## 인지의 진화

생명체는 자극에 반응한다. 행동주의자들은 생명체의 모든 행동을 자극-반응stimulus-response으로 설명하려고 한다. 그러나 복잡한 생명체는 자극-반응 외에도 피드백 시스템으로 형성되는 적응적 전문화adaptive specialization라는 메커니즘이 있다. 인지능력은 자극-반응 메커니즘에서 진화한 것이 아니라 (1) 행동을 유연하게 선택하고 조절하는 능력과 (2) 상황을 인지적으로 표상하고 인과와 지향성을 추론하는 능력을 획득하는 적응적 전문화 과정을 통해 진화했다고 봐야 한다.

적응적 전문화는 피드백에 의한 자동 조절 시스템으로 만들어진다. 포유류의 혈당과 체온은 자동 조절 시스템으로 유지된다. 적응적 전문화는 훨씬 유연한 환경에서 적응적 행위를 이끌어 낸다는 점에서 반사 작용보다 우위에 있으며, 실제로 거미집처럼 매우 복잡한 것을 만들어 내기도 한다. 자극-반응에만 의존해서는 거미집을 만들 수 없다. 동역학과 공간에 대한 이해 없이는 거미집을 만들 수 없다. 거미집을 만드는 거미는 피드백 시스템을 가동하기 위해 목표를 설정하고, 주변을 지각하고, 그에 따라 행동할 수 있어야 한다. 그러나 적응적 전문화는 여전히 인지와는 거리가 멀다(또는 아주 약한 수준의 인지에 머문다). 무의식적이고 경직된 것이기 때문이다. 목표를 달성하기 위해 취할 수 있는 행동은 대개 상황에 따라 달라진다. '새로운' 상황의 인과와 지향성을 파악하지 못하면 상황에 유연하게 대처할 수 없다. 자연선택으로 진화한 적응적 전문화는 생각을 요구하지 않는다. 과거와 동일한 상황이 발생하면 동일한 방식으로 대처하려는 것일 뿐이다.

인지능력과 생각은 예측하기 어려운 세계에 대응하기 위해 등장했다. 자연선택은 새로운 상황을 인지하고 돌발 상황에 유연하게 대처하는 의사 결정 과정을 진화시켰다. 인과와 지향성을 파악한 생명체만이 새로운 상황에 적절한 행동으로 대처할 수 있다. 침팬지는 어떤 상황에서 문제를 만나면 활용 가능한 도구만을 인지한다. 인지능력이 뛰어난 동물은 목표를 설정하고 인과와 지향성을 파악하기 위해 '관련된' 상황에 관심을 가지고 적절한 행동을 선택한다. 피드백 제어 시스템은 철학에서 합리적인 행동을 설명하려고 제기한 믿음-욕구 모델belief-desire model과 기본적으로 동일하다. 세계에 대한 인식(인과와 지향성에 대한 이해를 바탕으로 한 믿음)이 목표나 욕구와 결부될 때 특정한 방식으로 행동하려는 의도를 만들어 낸다는 것이다.[1]

이러한 인지능력으로 개체는 유연한 자기조절 능력을 갖추게 되는

데, 나는 이것을 **개인 지향성**individual intentionality이라 명명하고 이러한 자기조절 모델로 생각의 기원을 이야기해 보려 한다. 나의 가설은 생명체가 문제 해결이나 목표 달성을 위해 실제 행동을 취하지 않고 시뮬레이션해 보기 위해 생각이 진화했다는 것이다. 시뮬레이션이란 행동이 어떤 결과로 이어질지, 다른 변수가 개입하면 어떤 일이 일어날지 상상해 보는 것이다. 미래에 겪게 될지도 모르는 상황을 시뮬레이션할 수 있으려면 앞에서 요약한 세 가지 능력이 필요하다. 첫째는 자신의 경험을 다른 사람에게 표상하는 능력이다. 둘째는 이러한 표상을 인과와 지향성, 논리에 근거하여 변형시키는 시뮬레이션 또는 추론 능력이다. 셋째는 자신을 관찰하고 시뮬레이션에 의한 결정이 어떤 결과로 이어질 것인지 평가하고 행동을 선택하는 능력이다. 표상, 시뮬레이션, 자기관찰의 과정은 특정 행동의 성공과 실패에 따라 간접적인 방식으로 끊임없이 자연선택의 평가를 받는다.

## 인지적 표상

인지적 표상에는 내용과 형식이 있다. 인지적 표상의 내용은 **상황** 전체를 포괄한다. 인지적 표상은 찰나의 자극이나 감각에 머무르지 않는다. 생명체의 내적인 욕구에서 비롯되었든 외부에서 환기된 주의(단순히 지각한 것이 아니라 주의를 기울인 것)에서 비롯되었든 인지적 표상은 상

---

**1** 의미심장하게도, 복잡한 생명체의 조절 시스템은 계층성을 지니기 때문에 대부분의 행동은 여러 층위에서 다양한 목적을 동시에 조절하게 된다(예컨대 동일한 행동으로 발걸음을 옮기고, 사냥감을 쫓기도 하며, 동시에 가족을 부양할 수단을 강구한다).

황 전체를 내용으로 갖는다. 목표나 가치, 지향성proattitude은 생명체를 행동하게 만든다. 우리가 어떤 물건이나 장소를 목표로 설정했을 때, 실은 그 물건을 **확보**하는 행위와 장소에 **도달**하는 행위를 목표로 삼은 것이다. 철학자 도널드 데이비드슨Donald Davidson(Davidson, 2001)이 "욕구와 욕망은 문장으로 표현된다. 원하는 것이 있다는 말은 (…) **사과를 손에 쥐는 상황**을 바라는 것이다. 마찬가지로 누군가 오페라를 보러 가고 싶다고 한다면 **오페라 극장에 있는 상황**을 바라는 것이다."(p. 126) 라고 했듯이, 의사 결정 이론에서도 욕구와 선호는 종종 특정 사건의 실현으로 해석된다.

생명체의 가치와 목표가 희망 상황으로 표상된다면, 그들은 자신의 가치나 목표가 관련된 상황에 관심을 기울여야 한다. 이때 현재 상황과 희망 상황을 비교하기 위해서는 지각 경험에 근거한 사실적 표상 형식이 필요하다. 물론 생명체는 물건이나 땅, 사건처럼 단순한 요소들을 지각하여 관심을 기울일 수도 있지만, 나는 그런 것들을 관련 상황의 한 요소로 간주한다.

이해를 돕기 위해 먹이를 찾는 침팬지가 나무를 바라보는 장면을 예로 들어 보자(그림 2-1).

침팬지는 인간과 동일한 방식으로 장면을 인지한다. 사물을 지각하고 공간적 관계를 파악한다는 점에서 침팬지의 시각 시스템은 인간과 거의 동일하다. 그런데 침팬지는 어떤 상황에 주의를 기울일까? 침팬지가 이 장면에서 발생 가능한 무한대의 상황을 고려할 수 있다 하더라도, 먹이를 구해야 하는 침팬지는 먹이와 관련 있는 상황 또는

**그림 2-1** 침팬지가 보고 있는 것

'사실'에 주의를 기울인다. 이를테면 다음과 같은 것들이다.

- 바나나가 나무에 많이 열렸다.
- 바나나가 잘 익었다.
- 먹이를 두고 경쟁할 침팬지가 없다.
- 나무에 오르면 바나나를 손에 넣을 수 있다.
- 주변에 포식자가 없다.
- 이 나무에서 재빨리 도망가는 것은 어려워 보인다.

  등등

먹이를 구하는 침팬지에게는 이 장면에서 보이는 모든 비언어적 징후가 **관심 상황**이다. 침팬지는 자신의 지각과 운동 능력, 환경 생태적 지식을 동원하여 상황을 파악한다(기대하던 것이 안 보이는 것, 예컨대 항상 보이던 먹이가 안 보이는 것도 관심 상황일 수 있다).

경우마다 달라서 관심 상황을 일반적으로 정의하기는 어렵지만, 생명체는 자신의 목표와 가치를 추구하기 위한 (1) 기회 또는 (2) 장애물로서 특정 상황에 관심을 기울인다(또는 미래의 기회나 장애물 예측에 도움이 되는 정보로서도 관심을 기울인다). 종이 다른 동물들은 각자의 방식으로 살아간다. 종마다 각자 다른 상황(그리고 상황 요소)에 관심을 기울인다. 표범은 나무에 달린 바나나를 먹을 기회로 보지 않고 침팬지의 출현을 암시하는 기회로 포착한다. 반대로 침팬지는 포식자 위험 회피라는 가치의 장애물로서 표범을 인식한다. 침팬지는 자신이 나무를 잘 타고 표범은 나무를 기어오를 수 없다는 점을 고려하여 나무가 있는 환경, 즉 달아날 기회를 찾아야 한다. 또한 바나나 껍질에 붙어 있는 벌레는 침팬지나 표범과는 다른 목표를 가지고 있으며, 기회와 장애물이 되는 관심 상황을 다르게 인식할 것이다. 따라서 관심 상황은 생명체의 목표와 가치, 지각 능력과 지식, 그리고 행동 능력, 말하자면 자동조절 시스템으로서의 총체적인 기능에 의해 복합적으로 결정된다. 그러므로 행동 결정을 위해 인식해야 하는 관심 상황은 그 생명체의 삶의 방식 전체를 대변한다(von Uexküll, 1921).[2]

생명체가 경험하지 못한 것을 추론하기 위해서는 자신의 경험을 몇 가지 유형으로 表現할 수 있어야 한다. 이것이 표상이 가져야 하는 형식의 핵심이다. 표상은 일반화·도식화·추상화되어야 한다. 이와 관련해서는, 생명체가 주의를 기울임으로써 특정 상황과 요소들을 '저장'한다는 가설이 그럴듯하다(지식 표상에 관한 많은 모델은 주의를 관문으로 여긴다). 이때 관심 상황들을 일반화하고 추상화하는 과정을 **도식화** schematization라 부를 수 있겠다(로널드 웨인 랭거커Ronald Wayne Langacker(Langacker, 1987)는 도식화를, 각각의 상황을 투명한 슬라이드에 비유했을 때 슬라이드 더미를 훑어 내려가며 반복적으로 중첩되는 부분을 찾아내는 과정이라고 알기 쉽게 설명했다.) 도식화

---

**2**　이러한 설명은 제임스 제롬 깁슨James Jerome Gibson의 행동-유도성affordances 개념과 연결된다. 그러나 이 경우는 구체적인 행동을 유발하는 직접적인 기회뿐 아니라 간접적으로 관련 있는 상황들까지 포함하므로 훨씬 광범위하다. 그리고 모든 생명체는 자신의 생물학적 '목표'나 '가치'와 관련될 수도 있는 (이른바 관심의 상향식 과정 때문에) 일상적이지 않은 것(예를 들어, 인간에게는 시끄러운 소리)에 주의를 기울이게 되어 있다.

는 여러 유형의 인식 모델, 예컨대 사물의 범주, 사건의 선험적 도식, 상황에 대한 모델을 활용한다. 상황을 익숙한 유형의 상징, 즉 인지적 범주, 선험적 도식, 모델로 인식하면 새로운 추론이 가능해진다.

범주, 선험적 도식, 모델 같은 것들은 생명체의(또는 경우에 따라 종의) 이전 경험을 도식화한 것에 지나지 않는다(Barsalou, 1999, 2008). 따라서 그들은 일부 학자들이 우려한 것처럼 상징을 해석할 때 애매함을 겪지 않는다. 즉, 바나나인지 과일인지 사물인지 해석하는 데 어려움을 겪지 않는다(Crane, 2003). 생명체는 (이미 '해석된') 관심 상황을 개인적으로 경험해 보았기 때문에 해석하는 데 혼란을 겪지 않는다. 그러므로 생명체는 특정 상황과 사물을 자신의 목표와 관련하여 (인지적으로 표상된) 이미 알고 있는 익숙한 형태로 인식하고, '이것은 내가 봐온 것들과 같은 종류야'라고 '해석'하고 이해한다.

## 시뮬레이션과 추론

개인 지향성을 가진 생명체는 상황을 인지적으로 표상하고 그 상황의 여러 요소를 다양한 방식으로 연결하는 시뮬레이션과 추론을 한다. 행동을 결정하기 전에 '이렇게 하면 어떻게 될까'와 같은 기계적 추론instrumental inference을 먼저 수행하는 것이다. 예를 들어, 나뭇가지가 돌덩이 밑에 있을 때 기계적 시뮬레이션이 적용될 것이다. 피아제(Piaget, 1952)는 이것을 '시행착오 사고실험mental trial and error'이라고 했다. 침팬지는 행동하기 전에 결과를 상상한다. 나뭇가지를 힘껏 당기면 어떻게 될지 생각만으로 시뮬레이션한다. 돌덩이가 크고 무거워서 나뭇가지를 당겨도 소용없다고 생각하면 나뭇가지를 당기지 않고 돌덩이를 밀어서 치우려 할 것이다.

또 다른 추론은 외부의 힘이 어떤 인과와 지향성으로 연결되는지, 또한 그 작용이 자신의 가치와 목표에 어떤 영향을 미칠지에 관한 것이다. 예컨대 침팬지는 바나나를 먹는 원숭이를 발견하고 주변에 표범이 없다는 사실을 추론할 수 있다(만약 표범이 있다면 원숭이는 도망가고 없을 것이다). 또한 들판에서 무화과나무를 찾고 있는 보노보는 무화과의 달콤한 맛을 추론하고 있을 것이다. 보노보는 특정 무화과를 맛보지 않고도 이전에 경험했던 다른 무화과와 '동일한 특징을 지닌' 무화과일 것으로 추론한다. 오랑우탄은 다른 개체가 나무를 타는 장면을 특정한 유형의 지향적 사건으로 인식하고, 목표와 지향성에 관한 추론을 하고, 나무를 오르는 오랑우탄이 다음에 어떤 행동을 할지 예측할 수 있다. 그러한 경험들(아마도 종의 경험으로부터도 얻어진)을 도식화함으로써, 개별 생명체는 일반적인 인과와 지향성의 패턴에 관한 인식 모델을 수립하게 되었을 것이다.

이러한 과정을 개념화하는 가장 좋은 방법은 이미지 트레이닝이다. 예컨대 유인원은 원숭이 앞에 표범이 나타났을 때 원숭이가 취할 행동을 상상할 수 있을 텐데, 이와 같은 시뮬레이션은 이전에 경험하지 않은 사건과 대상들을 새롭게 조합하는 것이다(인간에 대한 관련 자료는 Barsalou, 1999, 2008을 참고하고, 인간이 아닌 영장류에 대한 자료는 Barsalou, 2005를 참고했다). 조합 과정에는 실제와 상상을 인과와 지향적 관계로 연관 짓는 작업이 포함되는데 이때 조건법, '부정$_{negation}$,' 배제와 같은 '논리

logical' 연산이 필요하다. 논리 연산 자체는 이미지로 인식되는 표상이라기보다는 실제 사용으로만 접근할 수 있는 인지적 절차다. 다음 글에서는 대형 유인원의 생각을 살펴보고, 논리 연산 작동 방식의 예시를 들고자 한다.

## 행동적 자기관찰

개인 지향성을 가진 생명체가 효과적으로 생각하기 위해서는 행동의 결과를 관찰하고 원하던 목표를 달성했는지 평가할 수 있어야 한다. 자신의 행동을 관찰하고 평가하는 과정이 있어야 경험으로부터 배울 수 있다.

자기관찰을 인지적으로 수행함으로써 생명체는 일련의 행동 결과를 미리 추론하고 시뮬레이션하며 (마치 실제로 일어난 것처럼) 관찰하고 결과를 상상하여 평가할 수 있게 된다. 이런 방식으로 오차를 미리 교정하는 과정을 거치면서 더 좋은 행동을 결정할 수 있다('내'가 아니라 가설이 '죽는' 것을 실패로 보았다는 점에서 대니얼 데닛Daniel Dennett(Dennett, 1995)은 이것을 포퍼식 학습이라 했다.) 예컨대 나무에서 점프하려는 다람쥐가 가끔은 시늉만 하고 나무에서 내려와 다른 가지로 기어오를 때가 있다. 거리가 멀다고 판단한 것이다. 다람쥐가 점프 이후에 어떤 일을 경험하게 될지 시뮬레이션하고 관찰하고 평가한다고밖에 설명할 방법이 없다. 다람쥐는 나무에서 떨어지는 것을 원치 않는다. 다람쥐가 실제로 점프하기 위해서는 시뮬레이션을 해야 한다. 다른 행동을 선택했을 때의 결과를 미리 상상하고 평가하여 가장 좋은 행동을 결정하는 것이 마크 오크렌트<sub>Mark Okrent</sub>(Okrent, 2007)가 생각했던 도구적 합리성<sub>instrumental</sub> rationality의 본질이다.

이런 종류의 자기관찰은 인지적인 과정이다. 자신의 행동과 그 결과를 시뮬레이션으로 관찰하는 것이기 때문이다. 생명체는 (실제 행동 이전에) 성공 가능성을 판단하기 위해 정보를 평가하기도 한다. 인간은 심지어 다른 사람이 상상으로 수행한 시뮬레이션 결과를 의사소통을 통해 알아내고 미래의 행동 결과 예측에 활용한다. 어떤 형태든 내적인 자기관찰은 행위자가 자신의 행동을 알게 한다는 점에서 생각의 중요한 구성 요소다.


## 유인원은 생각한다

인간 특유의 생각은 어떻게 진화했을까. 인간과 다른 영장류의 마지막 공통 조상에서부터 생각의 기원을 추적해 보자. 이때의 초기 인류를 연구하기에 가장 좋은 살아 있는 모델은 네 종의 대형 유인원(침팬지, 보노보, 고릴라, 오랑우탄)이다(지금부터 대형 유인원은 인간을 제외한 이 네 종을 가리킨다). 이들은 인간과 진화적으로 가장 가까운 친척이다. 특히 침팬지와 보노보는 가장 최근인 약 600만 년 전에 갈라졌다. 대형 유인원 네 종의 인지능력이 서로 비슷하고 인간과는 차이가 있다는 점에서, 인간이 마지막 공통 조상으로부터(또는 그전부터) 물려받은 능력이 뭔가 새로운 형태로 진화했다고 가정할 수 있다.

대형 유인원 실험 결과들을 참고해 마지막 공통 조상의 인지능력에 대해 살펴볼 것이며, 개인 지향성 이론(자기 행동 관찰과 더불어 인지적 모델과 기계적 추론에 의한 자기 행동 조절)을 살짝 다듬어 이론적 틀로 사용할 것이다. 인간은 다른 유인원과 기본적으로 체형, 감각, 감정, 두뇌가 동일하며 최근의 진화 역사를 공유하기 때문에, 나는 유인원과 인간이 진화적으로 연속성을 가진다고 가정한다(de Waal, 1999). 다시 말해 대형 유인원이, 특히 잘 통제된 실험에서 인간과 똑같이 행동할 때 그와 관련된 인지능력은 진화적으로 연속선상에 있다고 생각해도 좋을 것이다. 만약 진화적 불연속성을 주장하는 사람들이 있다면 그들 스스로 변호해야 할 것이다. 그러한 주장들에 대해서는 마지막 장에서 다룰 것이다.

## 유인원은 물리적 세계를 생각한다

대형 유인원의 인지와 사고 과정을 둘로 나눠 살펴보는 것이 좋겠다. 하나는 물리적 세계와, 다른 하나는 사회적 세계와 관련된다. 대형 유인원은 물리적 인과관계를 파악함으로써 물리적 세계를 구조화하고, 행위의 인과관계와 지향성을 파악함으로써 사회적 세계를 구조화한다. 물리적 세계에 대한 영장류의 인지능력은 주로 먹이와 관련하여 진화했다(이에 대한 이론적 주장과 증거는 Tomasello and Call, 1997을 참고하라). 따라서 영장류의 인지는 밀리컨R. G. Millikan(Millikan, 1987)이 말했듯이 '본래의 기능'에 복무한다. 그날그날 식량이 필요한 영장류는 (다른 포유류들과 마찬가지로) (1) 먹이를 찾고(공간 지각과 사물 추적 능력이 필요하다), (2) 식별하여 분류하고(패턴 파악과 범주화 능력이 필요하다), (3) 음식을 계량화하고(숫자를 다루는 기술이 필요하다), (4) 먹이를 구하는(인과관계를 이해하는 능력이 필요하다) 활동을 위해 목표 설정, 표상, 추론 능력을 발전시켰다. 인간을 제외한 모든 영장류는 물리적 인식에 관한 기본 능력이 대체로 유사해 보인다(Tomasello and Call, 1997; Schmitt et al., 2012).

다른 영장류에 비해 대형 유인원은 특히 도구 사용에 능숙하다. 유인원들은 인과관계를 이해하는 데 그치지 않고 실제로 도구를 조작한다. 다른 영장류들은 도구를 능숙하게 다루지 못하며, 매우 단순하고 제한적으로 활용한다(Fragaszy et al., 2004). 반면에 네 종의 대형 유인원은 다양한 도구를 상당히 유연하게 사용한다. 하나의 과제에서 두 가지 도구를 연달아 사용하기도 하고, 먹이 확보에 필요한 도구를 구하기 위해 다른 도구를 사용하기도 한다(Herrmann et al., 2008). 생명체가 도구를 조작하려면 인과 작용을 따져 볼 수 있어야 한다(Piaget, 1952). 새로운 도구를 유연하고 민첩하게 사용하는 대형 유인원은 그들이 사용하는 도구의 인과 작용에 대한 일반적인 인지 모델을 하나 이상 가진 것으로 보인다.

대형 유인원이 도구를 사용해 인과를 조작하는 능력은 인지 표상 및 추론과 흥미로운 방식으로 결합된다. 예컨대 마린 만리케Marín Manrique(Manrique et al., 2010)의 실험에서 침팬지는 전에 본 적이 없는 먹이 뽑기 과제를 받게 되는데, 문제를 풀기 위해서는 특정한 속성을 가진 도구(예를 들어 단단하고 길쭉한 도구)가 필요했다. 침팬지가 사용할 수 있는 도구들은 먹이와는 다른 방에 있었다. 침팬지는 우선 새롭게 주어진 과제의 인과 구조를 파악해야 했고, 다른 방에서 도구를 고르는 동안 그 구조를 인지적으로 표상할 수 있어야 했는데, 많은 침팬지는 이 문제를 어렵지 않게 해결했다. 침팬지는 이미 알고 있던 인과적 구조의 인식 모델에 새로운 문제를 대입하고, 옆 방에서 도구를 고르면서도 인지 모델을 계속 떠올리고 있었을 것이다. 또한 주어진 도구들을 사용함으로써 발생하는 결과들을 미리 시뮬레이션해 볼 수 있었을 것이다. 니컬러스 J. 멀케이Nicholas J. Mulcahy와 조지프 콜Josep Call 의 연구(Mulcahy and Call, 2006)에서는 보노보가 나중을 위해 도구를 수집하는 모습을 관찰했는데, 이때 아마도 보노보는 훗날 도구를 사용하는 상상을 한 것으로 보인다.

이와 관련된 시뮬레이션과 추론은 논리적인 구조를 갖는데, 형식 논리가 아니라 인과 추론에 기반한 구조다. 인과 추론은 조건부 연산(if-then)의 기본 논리를 가지며 '필연적인' 결과로 이어지는데, 예컨대 A가 일어나면 B도 발생한다(A가 B의 원인이 된다)는 구조다. 호세 루이스 베르무데스José Luis Bermúdez(Bermúdez, 2003)는 이런 형태의 추론을 원형 조건부protoconditional 추론이라고 부른다. 형식이 아니라 인과 구조가 필수적이기 때문이다. 만리케(Manrique, 2010)의 실험에서 여러 도구를 시뮬레이션하던 침팬지는 'A라는 속성의 도구를 사용하면, B가 발생해야 한다'라고 추론한다. 따라서 침팬지는 A 속성의 도구를 실제로 사용하면서 인과관계에 따라 B라는 상황이 실제로 발생할 것이라는 일종의 원형 긍정 논법proto-modus ponens을 갖게 된다(A가 발생하면, B도 발생한다; A가 발생하면; 그러므로 B도 발생할 것이다). 이것은 전제에서 결론으로, 원인에서 결과로 진행하는 전방 추론forward-facing inference이다.

최근의 다른 연구에서는 결과에서 원인을 추론하는 후방 추론backward-facing inference도 관찰되었다. 콜(Call, 2004)은 침팬지에게 먹이를 보여준 뒤 두 컵 중 하나에 숨겼다(침팬지들은 먹이가 어느 컵에 있는지 모른다). 그리고 실험자가 컵 하나를 흔들었다. 침팬지가 이 문제를 풀기 위해 가져야 할 배경지식은 두 가지다. 첫째, 두 컵 중 하나에 먹이가 들어 있다(사전 훈련으로 배운 지식). 둘째, 먹이가 든 컵을 흔들면 소리가 나고 먹이가 없는 컵을 흔들면 소리가 나지 않는다(인과 지식). 그림 2-2는 침팬지가 이 상황을 어떤 방식으로 이해하고 있는지 설명하기 위해 두 개의 조건을 그려 본 것이다.

(대형 유인원의 인지석 표상을 모델링한 그림 2-2의 다이어그램은 우리가 그 의미를 파악할 수 있는 메타언어로 표현된 것이다. 각각의 기호는 대형 유인원이 컵을 보았을 때나 컵에서 소리를 들을 때 등의 경험을 나타낸다. 중요한 것은 대형 유인원의 인지에 대한 가능성을 제한적으로 파악한 이론에 근거한 다이어그램이라는 것이다. 나는 한 살배기 인간 유아에 대한 토마셀로(Tomasello, 1992)의 연구에 근거하여 대형 유인원들의 인지가 구체적인 공간-시간-인과적 요소들을 가질 것으로 생각한다. 유인원들이 실험 상황에서 보인 행동을 설명하기 위해서는 원형 조건부와 원형 부정법protonegation에 기초한 논리적 구조를 가정해야 한다. 논리 연산은 한글로 표현되었다. 유인원은 논리를 절차적으로 다룰 수는 있지만 표상할 수는 없기 때문이다.)

조건1에서 실험자는 먹이가 든 컵을 흔든다. 침팬지는 소리를 듣고 소리의 원인을 추론한다. 결과를 보고 원인을 추론하는 후방 추론이다. 이때 컵 안의 먹이가 부딪혀 소리를 내는 것으로 추론하는 것이

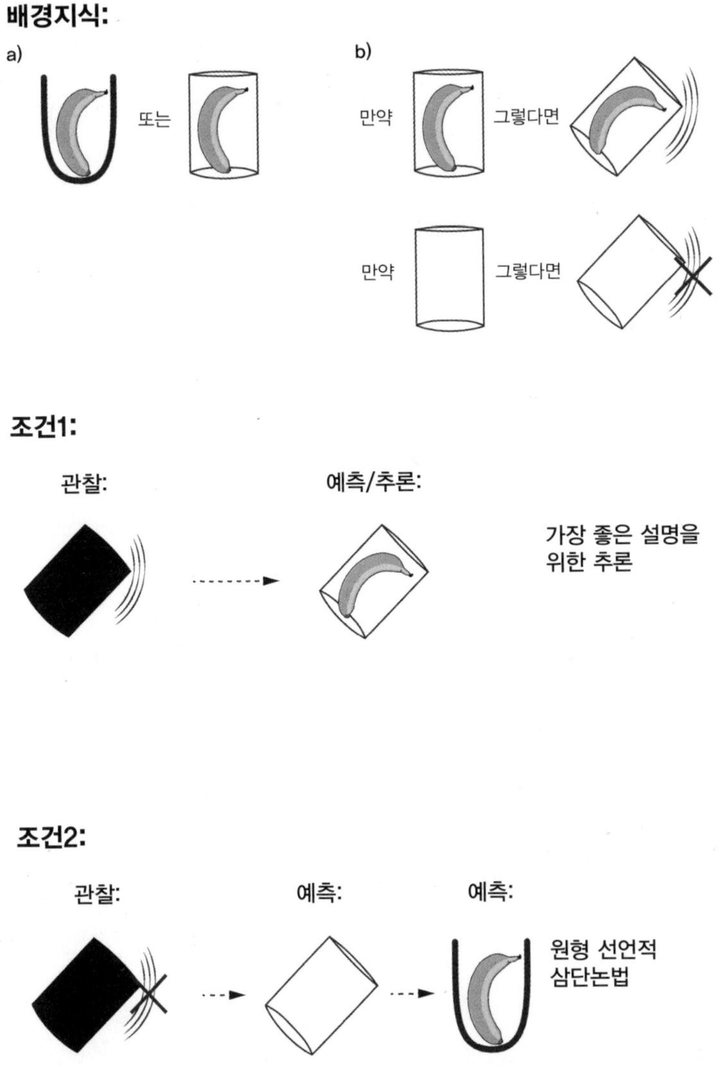

**배경지식:**

a)   또는

b)

만약  그렇다면

만약 [빈 원통] 그렇다면 [빈 원통 흔듦]

**조건1:**

관찰:         예측/추론:

 ----→       가장 좋은 설명을
위한 추론

**조건2:**

관찰:      예측:      예측:

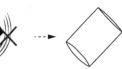        원형 선언적
삼단논법

**그림 2-2** 유인원이 숨겨진 먹이를 찾을 때의 추론(Call, 2004)

일종의 귀추법abduction이다(논리적으로 엄밀하지는 않지만 '현상을 가장 잘 설명하는 추론'을 귀추법이라 한다). 즉, '(1) 컵에서 소리가 난다, (2) 컵에 먹이가 들어 있다면 소리가 날 것이다, (3) 따라서 컵 안에 먹이가 있다'라고 추론하는 것이다. 조건2에서 실험자는 빈 컵을 흔든다. 침팬지는 소리가 나지 않는 원인이 무엇인지 후방 추론을 한다. 이때 먹이가 컵 안에 없기 때문이라고 생각할 수 있는데, 일종의 원형 부정 논법이다. '(1) 컵에서 소리가 나지 않는다, (2) 컵에 먹이가 있다면 소리가 날 것이다, (3) 따라서 컵 안에는 먹이가 없다(컵은 비어 있다)'라는 추론이다. 침팬지는 이러한 추론을 했으며, 심지어 한 가지를 더 했다. 침팬지는 두 컵 중 하나의 컵에 먹이가 있다는 사전 지식과 소리의 인과관계에 대한 이해를 결합하여 **다른** 컵, 즉 흔들지 않은 컵에 먹이가 있다는 것을 알아냈다. (흔들어 소리가 나지 않은 컵에 먹이가 없다면 다른 컵에 있어야 한다. 그림 2-2의 아래 그림.) 따라서 이러한 추론 패러다임은 선언적 삼단논법의 배제 추론을 포함한다.

부정법은 상당히 복잡한 인지적 연산이다. 어떤 학자들은 대형 유인원의 부정법 사용을 인정하지 않을지도 모른다. 그러나 형식 부정법의 진화적 징후에 관한 베르무데스(Bermúdez, 2003)의 새로운 이론에 따르면, 유인원은 부정법을 사용하는 것 같다. 베르데무스는 척도상에서 반대편에 있는 개념(상반되는 개념)을 원형 부정법으로 보았다. 예컨대 존재-부재, 소음-무음, 안전-위험, 성공-실패, 유용-무용과 같은 것이다. 대형 유인원이 배제적인 상반 개념, 예컨대 '뭔가 부재하면 존재할 수 없다', '소리가 나면 무음일 수 없다'를 이해한다고 가정한다면 부정법 연산의 기초가 될 수 있다. 나는 이러한 형태의 원형 부정법을 가정하고 설명할 것이다.

조건부 연산과 부정법 연산을 조합하면 기초적인 인간의 논리 추론 패러다임의 대부분이 가능하다. 그래서 대형 유인원이 새롭고 복잡한 물리적 상황을 해결할 수 있을 거라고 주장하는 것이다. 대형 유인원은 이전부터 알고 있던 인과적 인지 모델에 새로운 상황의 핵심 요소들을 대입함으로써 바로 전에 벌어진 일과 다음에 벌어질 일 즉, 전방과 후방 패러다임 모두에서 일종의 원형 조건부 연산과 원형 부정법 연산으로 시뮬레이션하고 추론할 수 있다. 여러 실험에서 대형 유인원은 인과율을 비롯한 인지 모델을 사용하고, 여러 종류의 원형 논리protological 패러다임으로 시뮬레이션과 추론을 하고, 다양한 종류의 자기관찰을 하는 것으로 보인다. 그래서 나는 대형 유인원이 생각을 한다고 생각한다.

## 유인원은 사회적 세계를 생각한다

사회적 세계에 대한 영장류의 인지능력은 주로 먹이나 짝과 같이 중요한 자원을 두고 벌어지는 그룹 내 경쟁 압력에 의해 진화했다 (Tomasello and Call, 1997). 사회적 인지능력은 경쟁적인 사회적 상호작용의 함수인 셈이다. 영장류는 그룹 내 경쟁에서 살아남기 위해 목표를 설정하고 표상하고 추론하는 능력을 개발했다. 그 덕분에 (1) 그룹 내 특정 개체를 지배하거나 친교를 맺고, (2) 친구·부모·우두머리 같은 제3자의 사회적 관계를 파악하고 판단에 활용할 수 있다. 이러한 사회적 인지 기술은 그들이 '사회 무대'에서 다른 개체의 행동을 예측하는 데 도움이 되었다(Kummer, 1972). 종에 따라 사회구조와 상호작용이 달라지긴 하지만, 기본적인 사회적 인지 기술은 모든 영장류에서 유사하게 나타난다(Tomasello and Call, 1997; Mitani et al., 2012).

대형 유인원은 상호작용을 관찰하여 사회적 관계를 파악하는 데 그치지 않는다. 대형 유인원은 다른 개체가 목표를 설정했다는 사실을 알고, 또 그들이 환경을 어떻게 인식하는지도 이해하며, 그들이 각자의 목표와 인식을 활용하여 (그리고 장애물과 기회의 환경 요소에 대한 평가를 활용하여) 행동을 결정한다는 것을 안다. 대형 유인원은 그들 자신뿐만 아니라 다른 개체도 지향성을 가진 행위자임을 인식한다(Call and Tomasello, 2008).

브라이언 헤어Brian Hare(Hare et al., 2000)의 실험을 보자. 먹이 한 조각은 열린 공간에, 또 다른 먹이 한 조각은 울타리 옆에 놓여 있다. 서열이 다른 두 침팬지가 먹이를 두고 경쟁하게 했는데, 울타리에 가려진 먹이는 서열 낮은 침팬지의 눈에만 보인다. 이때 서열 낮은 침팬지는 서열 높은 침팬지가 열린 공간의 먹이는 볼 수 있지만 울타리 옆의 먹이를 보지 못한다는 것을 안다. 서열 낮은 침팬지 쪽의 문을 (서열 높은 침팬지의 문보다 조금 일찍) 열어 주면 서열 낮은 침팬지는 울타리 옆의 먹이를 선택하는데, 이것은 서열 높은 침팬지가 볼 수 있는 것과 보지 못하는 것을 알고 있음을 의미한다. 흥미로운 실험 하나를 더 보자. 서열 낮은 침팬지들은 서열 높은 침팬지가 지금은 보지 못하지만 예전에 보았던 먹이에 함부로 다가서지 못한다. 서열 낮은 침팬지들은 서열 높은 침팬지가 음식이 어디에 있었는지 **알았다**는 것을 알고 있다 (Hare et al., 2001; Kaminski et al., 2008). 다른 실험에서는 먹이를 번갈아 선택하는 과제가 주어졌다. 침팬지들은 경쟁자가 먼저 선택할 때 (그 밑에 아무것도 없을 것 같은) 평평한 판자보다는 (그 밑에 무언가 있을 것 같은) 기울어진 판자를 선택할 것임을 알았다. 침팬지들은 같은 상황에서 다른 침팬지가 어떤 추론을 하고 있는지 알았다(Schmelz et al., 2011). 침팬지들은 다른 침팬지가 무엇을 보고 있는지, 무엇을 아는지, 어떤 추론을 하는지 안다.

대형 유인원은 다른 개체가 경험한 것과 경험하지 않은 것이 무엇인지 알고, 그것이 그들의 행동에 어떤 영향을 미치는지 이해하는 데 그치지 않는다. 대형 유인원은 종종 다른 개체의 경험을 조작하려고 한다. 헤어(Hare et al., 2006)와 멜리스A. Melis(Melis et al., 2006a)가 한 일련의 실험에서 침팬지는 사람과 두 조각의 먹이를 두고 경쟁하는 상황에 놓인다. 침팬지는 사람의 눈에 잘 띄는 상황에서 두 조각 중 어느 하나를 선호하지 않았다. 그런데 침팬지가 들키지 않고 먹이 쪽으로 갈 수 있도록 칸막이를 놓아 둔 상황에서 침팬지는 정확히 그 전략을 취했다. 침팬지들은 심지어 사람이 보이지 않을 때에도 몰래 다가갔다. 가장 인상적이었던 것은 바로 그 침팬지가 사람에게 들키지 않으려고, 소리가 날 것 같은 먹이보다 조용히 접근할 수 있는 먹이를 선호했다는 점이다. 이처럼 완전히 다른 형태의 관념으로 일반화가 가능하다는 점에서 인지 모델과 추론의 위력과 유연성이 드러난다.

침팬지는 의도를 이해하고 유용한 추론을 할 뿐 아니라 다른 침팬지가 어떤 행동을 할지 예측하고 심지어 물리적 세계를 다룰 때처럼 다른 개체의 행동을 조작하려고 한다(그림 2-3). 앞서 언급한 여러 먹이 경쟁 실험에서 요구되는 배경지식은 (1) 경쟁자가 먹이를 원하고 있다는 사실과 (2) 경쟁자가 먹이의 위치를 파악하면 먹이를 차지하려고 이동할 것이라는 점이다. 침팬지가 헤어(Hare, 2000)의 실험에서 보여준 원형 조건부 추론도 이와 같은데, 서열 높은 침팬지가 바나나를 원하고 있으며 바나나의 위치를 파악하면 그 장소로 이동할 것이라고 추론한 것이다. 침팬지는 물리적 세계를 인지하는 방식으로 먹이 경쟁 실험에서 원형 부정법을 사용한다. 헤어의 실험에서 극단적인 개념으로 원형 부정법을 사용하는 침팬지들은, 칸막이에 가려 먹이를 보지 못한 경쟁사가 이동하지 않을 것으로 추론한다(즉 먹이를 못 보는 침팬지는 먹이 쪽으로 이동하지 않을 것을 안다. 그림 2-3. 조건C). 멜리스(Melis, 2006a)의 실험에서 몸을 숨겨 먹이로 다가가던 침팬지들 역시 경쟁자가 칸막이에 가려 보지 못하고 아무 소리도 듣지 못한다면 행동을 개시하지 않을 것으로 생각했으며, 그랬기 때문에 몰래 살며시 먹이 쪽으로 이동했다(즉 자신이 먹이를 향해 움직이는 것을 눈치채지 못한 다른 침팬지들은 먹이를 두고 경쟁할 만한 행동을 하지 않을 것으로 파악한 것이다).[3]

대형 유인원은 물리적 세계에서처럼 사회적 세계에서도 조작에 특

---

**3** 이 연구에서 서열 높은 침팬지가 잘못 알고 있을 때, 그 방향(잘못 알고 있는 방향)으로 먹이를 가지러 갈 것으로 생각하는 침팬지는 없었다. 침팬지는 모르는 것과 잘못 아는 것을 구분하지 못했다(Kaminski et al., 2008; Krachun et al., 2009, 2010. 3장에서 이에 대해 더 자세히 논한다).

**배경지식**

만약    그렇다면

**전방 추론:**

관찰:                                              예측/추론:

 →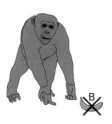

**후방 추론:**

관찰:                                              예측/추론:

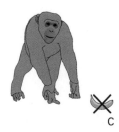 →

또는

**그림 2-3** 유인원이 먹이를 두고 경쟁할 때의 추론(Hare et al., 2000)

히 능숙하다. 유인원들은 몸짓으로 다른 사람의 행위를 조종한다(대형 유인원의 음성 커뮤니케이션은 상당 부분 본능적이며 원숭이와 유사하므로 생각이라는 관점에서는 크게 고려하지 않는다.) 대형 유인원 네 종 모두 몸짓으로 다른 개체들과 의사소통을 하는데, 다른 영장류들은 이것을 하지 못한다. 유인원은 특정한 몸짓을 의도적으로 관례화하는데, 이를테면 팔을 들어 올려 행동 개시를 알리는 등의 방식으로 다른 개체의 행동을 조종한다. 더욱 중요한 것은 동료들의 관심을 요청하는 몸짓인데, 예컨대 동료들의 관심을 유도할 때 땅바닥을 내리치기도 한다. 심지어 유인원은 손이나 손가락으로 무언가를 가리키는 행동을 사람에게 배워서 사용하는데, 유인원이 자연스럽게 하는 몸짓이 아닌 것을 활용하기도 하는 것을 보면 그들이 다른 개체의 행동과 관심을 조종하기 위해 사용하는 기술이 얼마나 유연한지 알 수 있다(이에 대한 논평은 Call and Tomasello, 2007을 보라). 몸짓으로 하는 의사소통은 대형 유인원이 원인을 조작하기 위해 사용하는 또 하나의 특별한 기술이다.

마지막으로 소개할 실험은 사회적 인지의 후방 추론을 보여준다. 다비드 부텔만David Buttlemann(Buttlemann et al., 2007)은 인간의 손에 길러진 침팬지 여섯 마리에게 죄르지 게르게이György Gergely(Gergely et al., 2002)의 합리적 모방rational imitation 실험을 했다. 첫 번째 조건 상황은 사람이 비정상적인 행동을 할 수밖에 없도록 물리적 제약이 주어지는 경우다. 이를테면 양손에 담요를 들고 머리로 전등 스위치를 켜는 상황이라든지, 두 손에 책을 들고 발로 오디오를 켜야 하는 상황이다. 이러한 상황을 지켜본 침팬지들에게 물리적 제약 없이 전등이나 오디오를 켤 수 있도록 했을 때, 사람이 했던 비정상적인 방식을 그대로 따라하지 않는다. 침팬지들은 손으로 전등을 켜고 오디오를 작동한다. 그런데 어떤 사람이 물리적 제약이 없는 상황에서 전등을 머리로 켜는 것을 본 침팬지들은 간혹 비정상적인 행동을 따라 한다. 두 조건 상황에서 침팬지의 모방 행동이 달라지는 이유는 침팬지가 일종의 원형 부정 논법proto-modus tollens, 즉 원형 부정법을 사용하여 결과에서 원인을 추론하는 것으로 설명할 수 있다. (1) 저 사람이 손을 사용하지 않더라. (2) 선택이 자유롭다면, 손을 사용했을 텐데. (3) 그러니 저 사람은 손을 사용할 수 없었던 상황이었음이 분명해. 이것은 마치 콜(Call, 2004)의 컵 흔들기 실험에서 나타난 추론과 유사하다.

이러한 실험의 결과에서 우리는 대형 유인원이 물리적 세계에서와 마찬가지로 사회적 세계에서도 복잡한 문제를 해결할 수 있다는 것을 알게 된다. 문제 상황에서 유인원은 의도를 고려한 인지 모델로 상황을 파악하고, 인지 모델을 활용하여 어떤 일이 일어났고 다음에 어떤 일이 일어날지 시뮬레이션하거나 추론한다. 대형 유인원은 사회적 추론의 원형 논리 패러다임 안에서 일종의 원형 조건부 추론과 원형 부정법을 모두 사용하는데, 이로써 전방 추론과 후방 추론이 모두 가능해진 것이다. 그래서 나는 대형 유인원이 물리적 세계에 대해서처럼 사회적 세계에 대해서도 사고능력이 있다고 결론 내렸다.

### 인지적 자기관찰

실험으로 나타났듯이, 대형 유인원은 생각 없이 행동하지 않는다. 유인원은 효과적인 결정을 위해 자기 행동을 관찰하고 인지한다. 최근 실험과 관찰에서 밝혀진 사실은 대형 유인원이 (1) 미래의 큰 보상을 위해 작은 보상을 미룰 수 있고, (2) 새로운 상황에서 다르게 행동해야 한다면 이전에 성공적이었던 행동을 버릴 줄 알고, (3) 원하는 보상을 얻기 위해서라면 불편함도 감수하고, (4) 실패를 견디고, (5) 산만한 상황에서도 집중할 줄 안다는 것이다. 비교 연구를 통해 침팬지의 이러한 능력이 세 살 정도의 인간 유아와 견줄 만하다는 사실도 알려졌다(Herrmann, submitted). 대형 유인원의 이러한 능력을 충동조절, 주의력 조절, 감정 조절, 실행 기능 같은 다양한 용어로 표현할 수 있지만, 나는 행동 기반 자기조절은 **행동적 자기관찰**behavioral self-monitoring, 인지 기반 자기조절은 **인지적 자기관찰**cognitive self-monitoring, 또는 **자기성찰**self-reflection이라는 용어로 부르기를 선호한다.

유인원들이 행동적 자기관찰을 할 뿐 아니라 인지적 자기관찰을 한다는 사실은 몇몇 실험(주로 메타인지 연구)으로 알려졌다. 이런 실험에 주로 참여하는 붉은털원숭이는 만족도 높은 보상을 얻기 위해 무언가를 구별(또는 기억)하는 작업을 수행하는 과제를 받게 되는데, 만약 원숭이가 구별과 기억 과제에 실패하면 다음 실험까지 보상이 주어지지 않는다. 매 실험에서 원숭이들은 문제 풀이를 기권할 수 있는데, 기권을 하면 100퍼센트의 확률로 작은 보상을 얻을 수 있다. 여기서 많은 원숭이가 어려운 문제만을 골라 기권하는 전략을 썼다(Hampton, 2001). 원숭이들은 자신이 모른다는 것을 알고 기억하지 못한다는 것도 안다.

인지적 자기관찰은 침팬지 실험에서도 관찰되었다. 침팬지들은 자기가 모른다는 사실을 알 뿐 아니라, 확실하지 않은 상황에서는 정보를 더 모으려고 했다. 실험자가 여러 튜브 중 하나에 먹이를 숨기는데, 어떤 침팬지에게는 숨기는 장면을 보여주지 않았고 어떤 침팬지에게는 숨기는 장면을 보여주었다. 먹이를 숨기는 장면을 본 침팬지들은 곧장 하나의 튜브를 선택했다. 먹이를 숨기는 장면을 보지 못한 침팬지들은 튜브를 쉽게 고르지 못하고 좀 더 조사하고 싶어 했다. 흥미로운 점은 이러한 과정에 영향을 주는 변수가 인간의 경우와 같다는 것이다. 침팬지들은 보상의 가치가 높거나 정보를 얻은 지 오랜 시간이 지났을 때 추가 정보를 더 많이 얻으려고 했다(Call, 2010). 상황을 조사하고 행동을 결정할 때 유인원들은 자기관찰을 수행하며, 정보가 충분하지 않을 때에는 행동을 선택하기 전에 정보를 더 얻으려는 신중함을 보였다.

이러한 실험에는 여러 요인이 섞여 있어서 해석하기가 쉽지는 않지만, 유인원이 일종의 자기관찰이나 평가를 하고 있다는 점은 분명해 보인다. 여기서 새로운 것은, 유인원이 단지 상상의 행동과 결과에 대해서나 상상의 원인과 결과에 대해서만 관찰하는 것이 아니라 자신의 지식과 기억에 대해서도 관찰한다는 사실이며, 그러한 지식과 기억은 성공적인 행동 가능성을 추론하기 위해 사용된다. 따라서 최소한 도구적 맥락에서라면 대형 유인원과 다른 영장류들은 자신의 심적 상태에 접근한다고 볼 수 있다. 이것이 비록 인간에게서 보이는 완전한 자기성찰은 아닐지라도(뒤에서 설명할 텐데, 유인원의 내적 관찰에는 사회성과 관점이 빠져 있다) 대형 유인원은 생각의 세 요소, 즉 추상적인 인지 표상(모델), 원형 논리적 추론 패러다임, 심적 자기관찰과 평가에 모두 능숙하다고 결론 내릴 수 있다.

## 경쟁을 위한 인지능력

일부 학자들은 여전히 인간을 다른 동물들과 이분법적으로 구분하려고 한다. 그들은 인간만이 이성적 사고를 한다고 여기며, 대형 유인원조차 추론이 아니라 단순한 자극-반응에 따라 행동한다고 주상한다. 행동심리학자들만 그런 것이 아니다. 철학과 인지과학에도 이러한 관점이 있다. 그러나 이러한 관점은 사고능력의 진화에 관한 잘못된 이론에 바탕을 두고 있다(Darwin, 1859, 1871). 단순한 관념연합association이 진화한다고 해서 복잡한 인지가 되지는 않는다. 인지적 표상, 추론, 자기관찰로 이루어진 유연하면서도 규제된 의도적 행동은 복잡한 상황에서의 경직된 적응적 전문화가 진화한 것이다. 앞서 언급한 실험들은 대형 유인원이 유연하고 지능적이고 자기규제 방식으로 생각하며 언어와 문화, 인간 수준의 사회성 없이도 그것들을 해낸다는 사실을 명백히 보여준다.

그러나 실험을 달리 해석하는 학자들도 있다. 일부 학자들은 대형 유인원이 인과적이고 지향적인 관계를 이해한다는 결론에 반기를 들고, 그 대신에 일종의 비인지적 '행동 규칙behavioral rules'을 수행한다고 설명하기도 한다(예를 들어 Povinelli, 2000; Pennet al., 2008). 또 다른 학자들은 대형 유인원이 인과적·지향적·논리적 추론이 아니라 (쥐나 비둘기와 마찬가지로) 단지 관념연합을 작동하는 것으로 보기도 한다(Heyes, 2005). 그리고 유인원의 인지적 자기관찰에 회의적인 학자(Carruthers and Ritchie, 2012)도 많다. 그러나 행동 규칙은 대형 유인원이 새로운 물리적·사회적 문제를 해결할 때 발휘하는 유연성을 설명할 수 없다(Tomasello and Call, 2006). 또한 수십 번의 시행착오로 이루어지는 연합 학습으로는 대형 유인원이 새로운 문제를 해결하는 속도와 유연성을 설명하지 못한다(Call, 2006). 유인원의 인지적 자기관찰에 대한 실험 자료가 명확하지는 않지만 대형 유인원의 자기관찰에 영향을 미치는 요소가 인간과 유사하다는 점을 발견한 콜(Call, 2010)의 연구는 (특정 상황에서) 유인원이 자신의 의사 결정 과정을 관찰한다는 주장을 뒷받침한다.

지금까지 살펴본 내용을 요약하면 생각은 세 가지 핵심 요소로 구성되며, 대형 유인원은 생각의 구성 요소 각각을 활용하여 인지적으로 복잡한 과정을 수행한다. 이제는 인간의 생각이 어떻게 진화했는지 살펴볼 차례다.

## 도식적 인지 표상

생각의 세 요소 중 첫째는 개별적 경험을 추상적으로 다루는 인지능력이다. 많은 실험 자료로 알 수 있는 사실은 대형 유인원의 추상적 인지 표상(범주, 도식, 모델)이 세 가지 주요한 속성을 가진다는 점이다.

**이미지.** 대형 유인원의 인지적 표상은 지각과 운동 경험에 기반하여 도상이나 이미지로 표현된다(인간 유아도 도상적인 인지 표현 형식을 가진다. Carey, 2009; Mandler, 2012). 도상이나 심상이 아닌 다른 가능성은 생각하기 어렵다.

**도식.** 대형 유인원은 이미지를 일반화하고 추상화한다. 대형 유인원은 전형적인 상황이나 사물에 대한 지각 경험을 (유형–사례 형식으로) 도식화한다. 중요한 것은 이러한 도식이 해석 불가능한 '그림'이 아니며, 오히려 기존에 해석된(이미 가지고 있는 인지적 모델과 연관된) 사례의 조합이라는 점이다. 그래서 비트겐슈타인은 이해한다는 것은 "사실에 상상을 더하는 것"이라고 했다. 즉, 현재의 특정 상황을 잘 설명하는 일반적인 인지 모델을 스스로에게 제시한다는 것이다. 이러한 인지 모델은 이미 의미를 가진다. 인과와 의도에 관한 도식과 이해가 대형 유인원의 인지 모델에서 핵심적인 부분이기 때문이다.

**상황적 내용.** 대형 유인원의 인지적 표상은 가장 기본적인 상황적 내용으로 구성되며, 특히 자신의 목표와 가치(예컨대 음식이나 포식자)와 관련된다. 장면 전체로 구성된 인지적 표상의 내용은 (미래에 나타날) 인간의 명제적 내용을 예견한다. 또한 대형 유인원은 특정한 목적을 위해 사물이나 사건 같은 상황의 구성 요소로 자신의 경험을 도식화할 수도 있다.

## 인과적이고 지향적인 추론

생각의 두 번째 핵심 요소는 인지적 표상으로부터 추론하는 능력이다. 대형 유인원은 실제로 일어나지 않은 장면을 상상하거나 추론하기 위해 범주, 도식, 모델을 활용한다. 추론에는 두 가지 주요한 특징이 있다.

**인과적이고 지향적인 논리.** 대형 유인원은 인과와 지향에 대한 이해를 바탕으로 추론한다. 그리고 이러한 추론이 논리적 구조를 가진다는 점이 중요하다(즉, 패러다임을 형성한다). 원형 조건부와 원형 부정법을 자유롭게 활용할 수 있어야 추론이 가능하다. 따라서 대형 유인원은 부정 논법에서부터 선언적 삼단논법에 이르는 모든 논리의 원형 단계를 구사한다고 볼 수 있다.

**창조적.** 대형 유인원의 인지적 표상과 추론은 창조적이다. 대형 유인원은 실제로 일어나지 않은 상황을 추론하고 상상하는 오프라인 시뮬레이션을 할 수 있다(Barsalou, 1999, 2008). 그럼에도 불구하고 몇몇 학자들은 대형 유인원의 생각이 에번스G. Evans(Evans, 1982)의 일반성 조건 generality constraint을 만족한다고 보는 관점에 여전히 회의적이다. 생각(또는 문장)이 언어로 표현될 때 주어는 여러 개의 술어와 결합될 수 있고, 술어도 여러 개의 주어와 결합될 수 있다. 언어를 사용하지 않고 이것을 하려면 상황을 서로 연관 짓고 요소를 추출하고 조합하여 새로운 상황을 상상할 수 있어야 한다.

대형 유인원은 하나의 주체가 여러 행동을 할 수 있다는 것을 안다. 예컨대 표범은 나무를 기어오르고 침팬지를 잡아먹고 물을 마시는 등 많은 일을 한다. 대형 유인원이 그 사실을 알고 있다는 간접적인 증거는 대상 영속성object permanence 실험에서 찾을 수 있다. 대상 영속성을 이해하려면 하나의 사물이 장소를 이동하고 여러 가지 행위를 한다는 것을 이해하고(Call, 2001), 특정 행위자가 특정 상황에서 어떻게 행동할지를 과거의 경험에 비추어 예측할 수 있어야 한다(Hare et al., 2001). 또 다른 증거는 대형 유인원이 사물을 구별할 줄 안다는 것이다. 어떤 물체가 가림막 뒤로 이동하는 것을 본 유인원은 그 사물이 다시 나타날 것을 기대하고, 그 물체가 다른 사물로 대체되는 것을 본 유인원은 더 이상 원래의 물체를 찾지 않는다. 두 물체가 장막 뒤로 이동하는 것을 본 유인원들은 두 물체가 다시 나타날 것을 기대한다. 유인원은 시간에 따라 물체를 추적할 줄 안다.

대형 유인원은 '동일한 행위'라도 주체가 달라질 수 있다는 사실을 안다. 표범도 나무에 오르고, 뱀도 나무에 오르고, 원숭이도 나무에 오른다는 것을 이해한다. 이것은 증거를 제시하기가 조금 더 어렵다. **기어오르다**와 같은 사건을 도식화하기 위한 비언어적 방법이 거의 없기 때문이다. 그렇지만 모방이 사건 도식event schema을 형성하는 비언어적 방법이라는 가설이 가능하다. 동료를 모방하는 행위자는 최소한 동료가 특정한 행동을 하고 있고 자신도 그와 '동일한 행위'를 할 수 있음을 안다. 모방이 사회적 학습을 위한 최선의 전략은 아닐지라도 (최소한 인간 손에 길러진) 대형 유인원은 능숙하게 동료들의 행위를 따라 할 수 있다(Tomasello et al., 1993; Custance et al., 1995; Buttelmann et al., 2007). 일부 유인원은 다른 유인원이 자신을 모방하고 있다는 것도 아는데, 이는 유인원이 최소한 기초 수준의 자타 등가성self-other equivalence을 이해하고 있다는 것을 보여준다(Haun and Call, 2008). 그러나 모방은 단지 자신과 다른 개체의 일이다. 그런데 유인원은 다른 모든 행위자의 목적을 이해하기 때문에 다른 가설이 필요하다. 유인원은 나무에 오르는 행위를 도식화할 때, 의도를 가진 행위자를 도식화하며 그러한 (행위 자체가 아니라) 의도를 도식화함으로써 모든 행위자를 대입할 수 있게 된다.

따라서 대형 유인원의 인지능력은 한계가 있을지 몰라도, 유인원의 창조성은 최소한 일반성 조건을 충족한다. 이러한 대형 유인원의 창조적인 생각이 상상을 가능케 했다. 예를 들면, 유인원은 나무에 오르는 모습을 본 적이 없는 동물을 처음 만나도 위급할 때 나무 위로 도망칠 것을 예상할 수 있다. 한편 인간은 하늘을 나는 표범처럼 사실에 반하는 것(즉 인과적 이해와 상반되는 것)을 상상할 수 있지만, 유인원에게는 어려운 것으로 보인다. 유인원의 모방이 순차적이라는 점에서 유인원의 자타 등가성 인식도 한계가 있다고 볼 수 있는데, (예컨대 인간의 협력 행위 안에서 역할 바꾸기처럼) 하나의 상호작용에서 등가성이 적용되는 상황은 자타 등가성을 밝히는 데 더 도움이 될 것이다.


## 행동적 자기관찰

생각의 세 번째 핵심 요소는 자신의 의사 결정 과정을 관찰하는 능력이다. 많은 종의 동물이 자신의 행동 결과를 관찰하고 미리 예상하기도 하지만, 대형 유인원의 행동적 자기관찰은 단순한 수준이 아니다.

**인지적 자기관찰.** 대형 유인원(다른 영장류들)은 의사 결정을 내려야 할 때 자신이 가진 정보가 충분하지 않다는 사실을 안다. 앞에서 언급했듯이 행동 결과를 관찰하는 것은 자기조절 시스템의 필수 조건이고, 시뮬레이션 결과를 관찰하는 것은 인지 시스템의 특성이다. 그러나 의사 결정 프로세스 자체의 요소들(기억, 분류 능력, 환경 정보)을 관찰하는 것은 또 다른 문제다. 이러한 유형의 자기관찰은 의사 결정 과정 자체를 관리하는 일종의 '실행 감독'이다.

인간과 대형 유인원의 공통 조상을 상상해 보자. 그들의 일상은 현재의 유인원들과 비슷했다. 깨어 있는 시간의 대부분을 작은 무리에서 생활했는데, 다양한 사회적 상호작용을 했으며 대체로 경쟁적이었고 먹이는 개별적으로 구해야 했다. 유인원과 인류의 공통 조상은 (그리고 아마도 인류 진화의 역사에서 첫 400만 년을 차지하는 오스트랄로피테쿠스를 포함하여) 개인 지향적이고 도구적 합리성을 가졌으리라고 보는 것이 나의 가설이다. 그들은 물리적 경험과 사회적 경험을 범주와 도식으로 표상했으며, 그러한 표상과 약간의 인지적 자기관찰 덕분에 경험에 관한 창조적 추론을 연쇄적으로 해낼 수 있었다. 중요한 것은 인간 특유의 사회성이 출현하거나 문화, 언어, 제도가 발달하기 훨씬 전부터 인간과 유인원의 마지막 공통 조상은 인간 특유의 생각으로 발전할 만한 기반을 갖추고 있었다는 점이다.

개인 지향성은 주로 경쟁적인 사회적 상호작용을 하는 종에 필요한 것이다. 그들은 자신을 위해 행동하거나, 기껏해야 싸움에서 유리한 편에 서기 위해 일시적으로 협력하는 정도다. 대형 유인원의 사회적 인지능력은 주로 집단에서 다른 개체와 경쟁하기 위해 발전했다. 유인원은 일종의 마키아벨리적 지능Machiavellian intelligence을 신조로 삼는다. 집단 구성원을 미래의 경쟁자로 보았고, 경쟁에서 이기려고 했다(Whiten and Byrne, 1988). 최신 연구에 따르면 대형 유인원의 가장 복잡한 사회적 인지능력은 다른 개체와 경쟁하고 착취하기 위해 발휘되며, 협력이나 소통을 위한 목적과는 동떨어져 있었다(Hare and Tomasello, 2004; Hare, 2001). 대형 유인원의 인지능력은 온전히 경쟁을 위한 것이다.

반면에 인간의 인지능력은 온전히(또는 대체로) 협력을 위한 것이다. 인간 사회는 다른 영장류보다 훨씬 협력적이다. 나의 가설은 인간의 복잡한 협력적 사회성이 선택 압력으로 작용하여 대형 유인원의 개인 지향성이 인간의 공동 지향성으로 진화했다는 것이다. 이제 남은 과제는 인간의 유인원 조상에서부터 현대 인간에 이르는 여정을 재구성하는 것이다. **지향점 공유 가설**은 공동 지향성과 집단 지향성이 차례로 진화하는 두 단계로 이루어진다. 각 단계의 진화는 일반적인 수준에서 동일한 과정을 거친다. 생태계가 바뀌면 새로운 유형의 협력이 요구되고 새로운 의사소통이 진화하며, 아이들이 자라는 동안 다른 사람들과 사회적 상호작용을 경험하면서 새로운 유형의 표상·추론·자기관찰 능력을 갖추게 되는 것이다.

A Natural History of Human Thinking

## 3장

# 공동 지향성

인간의 생각이 침팬지와 다른 이유

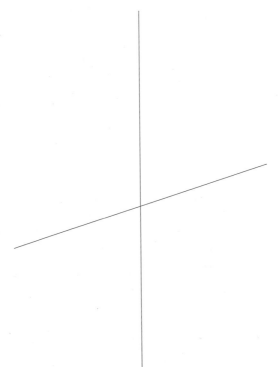

개념은 본질적으로 관점에 따라 표현된다.
**로버트 브랜덤,** 《명시적으로 만들기(Making it Explicit)》

존 메이너드 스미스John Maynard Smith와 에외르시 사스마리Eörs Szathmáry (Maynard Smith and Szathmáry, 1995)는 생명체의 진화 역사에서 염색체의 출현, 다세포생물의 출현, 유성생식의 출현을 비롯해 여덟 번 큰 전환기가 있었다고 보았는데, 놀라운 점은 각 전환기가 동일한 두 단계를 거쳐 이행된다는 것이다. 첫 단계에서는 새로운 유형의 상호의존적인 협력이 생긴다. "독립 복제independent replication가 가능한 생명체들은 전환점 이후에 더 큰 전체의 일부로서만 복제할 수 있다."(p.6). 두 번째 단계에서는 새로운 유형의 협력으로 새로운 유형의 의사소통이 생긴다. "정보를 전달하는 방식의 변화"(p.6)가 이행된다.

가장 최근의 중대한 전환은 언어적 의사소통에 의한 인간의 협력 사회(문화) 출현이다. 나의 최종 목표는 인간 특유의 사고방식에 초점을 맞춰 협력 사회의 출현을 설명하는 것이다. 그러나 대형 유인원의 경쟁 사회가 일순간에 인간의 협력 사회로 넘어갔을 리는 없으므로 중간 단계가 필요하다. 여기서 어려운 점은 지구상에 수천 개의 문화가 존재하고 관습, 규범, 제도, 의사소통 방식도 제각각이라는 것이다. 그러나 내용과 상관없이 무엇이든 관례화되고 규범이 되고 제도가 될 수 있다. 또한 인간의 협력 문화가 출현하기 이전에 대형 유인원은 하지 못했던 다양한 협력적 상호작용이 있어야 한다. 인간과 다른 영장류의 마지막 공통 조상이 대형 유인원이라고 가정한다면, 그 사이의 중간 단계도 필요하다. 그래서 나는 문화 생활을 하거나 언어를 사용하지는 않았지만 유인원과의 공통 조상보다는 훨씬 더 협력적이었던 초기 인류를 가정한다.

이 장에서 나는 수렵 활동을 하기 위해 새로운 유형의 사회적 조정 능력을 개발했던 초기 인류를 상정한다. 초기 인류의 새로운 협력 활동은 영장류 중에서도 유례가 없을 정도로 독특한 형태였으며, 공동 목적과 공동 관심에 의해 즉석에서 형성되는 양자 간second-personal 공동 지향성을 토대로 이루어졌다. 참여자들이 각자의 역할과 입장을 가지면서 '우리'라는 개념을 갖게 되고 공동 지향성'we' intentionality을 갖게 된 것이다. 초기 인류는 동료와 협력하는 상황에서 다양한 공동 목표를 추구하며 손가락이나 팬터마임을 이용한 새로운 협력적 의사소통으로 각자의 역할과 입장을 조정했다. 그 결과 초기 인류는 대형 유인원의 개인 지향성을 '협력화'할 수 있었다. 새로운 인지적 표상(관점과 기호를 사용한 표상), 추론(사회적 재귀 추론), 자기관찰(타인의 관점에서 자신의 행동을 조절하는 자기관찰) 능력으로 이루어진 공동 지향성은 새로운 유형의 생각으로 발전하고, 초기 인류는 사회적 조정 문제를 풀어 나갈 수 있었다.

지금부터는 초기 인류와 함께 출현한 새로운 유형의 협력을 살펴보고 초기 인류가 협력 활동을 조정하기 위해 사용했던 새로운 협력 커뮤니케이션에 대해 이야기해 보려고 한다. 그리고 협력과 의사소통의 기반이 된 새로운 유형의 생각을 살펴보자.

## 새로운 유형의 협력

협력에 반드시 복잡한 인지 기능이 필요한 것은 아니다. 우리는 단순한 인지 기능을 가진 진眞사회성eusocial 곤충들의 협력이 얼마나 복잡한지 알고 있다. 인지능력이 뛰어나다고 보기 어려운 광비원숭이New Worldmonkey, 마모셋원숭이marmoset, 비단털원숭이tamarin도 공동 육아를 하고 먹이를 나눠 먹는다. 인지능력에서 인간은 유례없이 독특하다. 2장에서 언급했듯이, 인간과 대형 유인원의 공통 조상은 경쟁을 위해 이미 상당히 복잡한 수준의 사회적 인지능력을 갖추고 타인을 조종하곤 했다(물론 그들은 매우 복잡한 물리적 인지능력도 갖추고 도구를 사용했다).

인간은 다른 사람들과의 조정 문제를 해결하기 위해 유인원의 개인 지향성에다가 공동 지향성(공동 목적과 공동 관심)의 복잡한 프로세스를 추가로 발달시켰다. 그리고 사회적 조정 문제는 인지와 생각에서 유례없는 도전을 만들어 냈다. 게임이론에서 말하는 사회적 딜레마 (예를 들어 죄수의 딜레마)는 대개 참여자들의 목적과 선호가 충돌하면서 발생하지만, 조정 딜레마는 참여자들의 목적과 선호가 일치할 때 발생한다. 조정 딜레마 상황에서는 분쟁을 해결하기보다는 공동 목적을 가진 사회적 파트너와 조율할 방법을 찾아야 하는데, 새로운 유형의 생각으로 이러한 조정 문제를 해결할 수 있었을 것이다.

## 협력으로 전환하기

침팬지나 그 밖의 대형 유인원은 상당히 경쟁적인 사회에서 살아간다. 그들은 날마다 자원을 획득하기 위해 다른 개체와 경쟁해야 하는데, 그들의 인지능력은 이러한 경쟁 속에서 만들어진 것이다. 그러나 일반적으로 보자면 침팬지와 유인원은 상당수의 협력적 활동에 관여하기도 한다. 예컨대 침팬지들은 함께 이동하고 작은 무리를 지어 먹이를 구하며, 그룹 안에서 싸움이 생기면 '동맹'을 맺는다. 수컷들은 외부 침략자를 방어하기 위해 공동 전선을 형성한다(Muller and Mitani, 2005). 무리를 지어 이동하고 싸우며 방어하는 행동은 포유류의 다른 종에서도 공통적으로 관찰된다.

인간의 협력이 어떻게 다른지 살펴보기 위해 모든 영장류에게 필수적인 행위 중 하나인 먹이 구하기에 초점을 맞춰 보자. 예를 들어 침팬지는 작은 무리를 지어 과일나무를 찾아 이동하는데, 나무를 찾으면 서로 떨어진 곳에 각자 자리를 잡고 손에 과일을 움켜쥔 채 먹는다. 최근 연구에서 침팬지는 무리와 함께 먹이를 획득하기보다는 자신이 먹이를 차지하기를 선호했다(Bullinger et al., 2011a). 또 다른 연구에서 침팬지와 보노보는 무리의 동료들과 함께 먹는 것보다 혼자 먹는 것을 선호했다(Bullinger et al., 2013). 먹이를 두고 분쟁이 벌어지면 서열이 높은(싸움을 잘하는) 녀석이 차지한다. 네 종의 대형 유인원들의 먹이 구하기 활동은 사실상 나무 타기와 서열 다툼이 전부라고 봐도 좋다.

대형 유인원의 이러한 일반적인 패턴 안에서도 눈에 띄는 예외가 있다. 바로 침팬지 일부 그룹에서만 지속적으로 관찰되는 원숭이 단체 사냥이다(Boesch and Boesch, 1989; Watts and Mitani 2002). 단체 사냥의 전형적인 패턴은 소그룹의 침팬지들이 약간의 거리를 두고 붉은콜로부스원숭이를 몰래 살피다가 에워싸서 포획하는 것이다. 보통 한 마리가 쫓기 시작하면 다른 수컷들이 나무를 오르거나 달려가서 원숭이의 퇴로를 막는 식이다. 원숭이를 직접 잡은 수컷 침팬지가 고기 중 가장 좋은 부위를 양껏 차지하지만, 혼자서는 사냥한 원숭이를 다 먹을 수 없기 때문에 (구경꾼 침팬지들과) 사냥에 참여한 다른 수컷들에게도 약간의 살점이 돌아간다. 이때 고기의 양은 각자의 서열에 따라 달라지는데, 원숭이를 잡은 침팬지를 귀찮게 하면서 구걸하는 침팬지에게는 고기가 조금씩 더 돌아가기도 한다(Gilby, 2006).

침팬지의 원숭이 단체 사냥은 복잡한 인지 과정이 필요할 수도 있고 의외로 단순할 수도 있다. 좋게 해석하면 침팬지들이 원숭이 사냥이라는 공동 목표를 가지고 각자의 역할을 수행하고 있다고 볼 수 있다(Boesch, 2005). 그러나 약간 무미건조한 해석이 내가 보기에는 더욱 그럴듯하다(Tomasello et al., 2005). 각각의 침팬지는 자신이 원숭이를 잡고 싶어 하며(그래야 가장 많은 고기를 차지하므로), 다른 침팬지들에게 빼앗길까봐 그들의 행동과 의도에 관심을 기울인다는 것이다. 물론 침팬지들은 사냥감을 놓치는 것보다는 무리 중 누구라도 원숭이를 잡아 주기를 바란다. 구걸을 하거나 귀찮게 굴어서라도 조금 얻어먹는 것이 고기를 아예 먹지 못하는 것보다는 낫기 때문이다. 그런 의미에서 침팬지들의 원숭이 사냥은 각자의 목표를 추구하는 개체들의 공동 작업이라고 할 수 있다[이것은 투멜라가 자기 중심의 집단행동group behavior in I-mode이라 부른 것이다(Tuomela, 2007)]. 어쨌든 일반적인 의미에서 침팬지들의 단체 사냥이 다른 사회적 포유류, 예컨대 사자나 늑대의 단체 사냥과 인지적인 측면에서 명확한 차이가 있다고 말하기는 어렵다.

반면에 인간이 먹이를 구하는 방식은 훨씬 근본적인 방식에서부터 협력적이다. 현대 인류는 날마다 먹을 식량의 상당수를 다른 사람들과 함께 생산하는데, 직접적으로 협력하기도 하고 중앙저장소에 식량을 공유하기도 한다(Hill and Hurtado, 1996; Hill, 2002; Alvard, 2012).[1] 인간은 먹이 구하기 외에 다른 여러 활동에서도 침팬지와는 다른 방식으로 협력한다. 대형 유인원과 인간의 사회구조를 체계적으로 비교

---

**1**  식량을 구하는 현대 인간은 초기 인류를 상상하기에 좋은 모델이 아니다. 현대 인류는 이미 두 단계의 진화 과정을 겪었고 사회적 규범, 제도, 언어 같은 문화 속에서 살고 있기 때문이다. 더욱이 현대 인간은 개인적으로 식량을 구할 수 있는 도구와 무기를 가지고 있다(음식은 공유할 것이다). 반면에 우리가 상상한 초기 인류는 더 원시적인 무기를 가지고 있었으므로 협력할 필요가 있었다.

한 연구(Tomasello, 2011)에서 얻은 결론은 유인원이 주로 개별적으로 행동하는 반면에 인간은 대체로 협력한다는 것이다. 예를 들어, 인간은 공동으로 육아를 하지만(이른바 협력 육아, Hrdy, 2009), 유인원은 그렇지 않다. 인간은 상대방에게 유용한 정보를 제공하는 협력 커뮤니케이션을 하지만, 유인원은 그렇지 않다. 인간은 상대방을 적극적으로 가르치려고 하지만, 유인원은 그렇지 않다. 인간은 공동의 문제에 대해 공동으로 결정을 내리지만, 유인원은 그렇지 않다. 인간은 사회적 규범이나 제도, 심지어 관습언어 같은 여러 사회구조를 만들고 유지하지만, 유인원은 그렇지 않다. 이 모든 사례를 종합해 보면 협력은 인간 사회의 중요한 특징이며, 다른 대형 유인원과는 전혀 다른 방식으로 이루어진다.[2]

인간의 진화 역사에서 협력이 시작된 시기를 중요하게 다루려는 것은 아니지만, 나는 약 200만 년 전 호모 속이 출현하고 얼마 지나지 않아서였다고 생각한다(Tomasello et al., 2012). 이 기간에 개코원숭이 등의 '지상파' 원숭이가 수가 급격히 늘어났는데, 그들이 아마도 과일이나 채소를 따먹는 일에서 인간보다 우위에 있었을 것이다. 그래서 인간은 새로운 틈새 전략이 필요했다. 처음에는 아마도 죽은 고기를 노렸을 텐데, 연합을 하여 사냥감을 잡은 동물들을 쫓아 버렸을 것이

---

2 물론 현대사회는 잔인성과 전쟁, 이기심과 경쟁으로 가득 차 있다. 이 중 많은 부분이 다른 집단 사람들과의 갈등으로 생기지만, 그것도 불과 1만 년 사이의 일이다. 인류는 수백만 년 동안 소규모 협력 집단으로 지냈는데, 1만 년 전 농경 생활을 시작하면서 사유재산과 부를 축적하고 경쟁하기 시작했다.

다. 그러다가 어느 시점부터는 적극적인 협동 사냥이 시작되어 큰 사냥감을 잡거나 곡물을 채집하기도 했을 것이다. 개인의 노력이 잘 조정되기만 하면 양쪽 모두가 만족하는 전형적인 윈윈 전략이었다. 이것이 내가 생각하는 협력하는 동물의 기원인데, 구체적으로는 약 40만 년 전에 살았던 **호모 하이델베르겐시스**Homo heidelbergensis로 추정된다. 호모 하이델베르겐시스는 네안데르탈인과 현생인류의 공통 조상이었으며 여전히 수수께끼로 남아 있는 호미닌이다. 고인류학 증거에 따르면 호모 하이델베르겐시스가 큰 동물을 사냥하기 위해 체계적으로 협동했던 최초의 인류인 것으로 보인다. 이들은 협력이 필요한 무기를 사용했으며, 때로는 사냥감을 집으로 가져오기도 했다(Stiner et al., 2009). 또한 이때는 뇌의 용량과 개체수가 급격히 증가하던 시기이기도 했다(Gowlett et al., 2012). 호모 하이델베르겐시스는 진정한 협력자가 되기 위한 후보의 자격을 갖추었다.

그러나 더 중요한 문제는 시기보다 방법이다. 협력이 진화적으로 안정적인 전략이 될 수 있었던 것은 상호 의존과 사회적 선택 때문이었다는 것이 나의 가설이다(Tomasello et al., 2012). 첫째, 가장 중요한 점은 인류가 협력적인 형태의 새로운 생활을 시작했다는 것이다. 인류는 더 이상 혼자만의 힘으로 식량을 구하기 어려워졌기 때문에 협력해야 했다. 협력을 위한 새로운 기술과 동기를 마련하지 않으면 굶어죽을 상황이었다. 협력 활동(공동 지향성)을 위한 동기와 기술에 직접적이고 즉각적인 선택 압력이 작용한 셈이다. 둘째, 협력 파트너로 어떠한지 타인을 평가하기 시작했다. 이것이 바로 사회적 선택이다. 형편 없는 파트너를 고르면 굶는다. 사기꾼이나 게으름뱅이는 회피 대상이었으며, 불한당도 꺼려진다. 초기 인류는 다른 유인원이 갖지 못한 걱정을 떠안았다. 다른 사람을 어떻게 평가해야 할지, 다른 사람이 자신을 어떻게 평가할지 걱정하기 시작한 것이다.

초기 인류가 처한 이러한 상황은 게임이론(Skyrms, 2004)에 나오는 사슴 사냥 게임으로 설명할 수 있다. '토끼(칼로리가 낮은 채소)'는 쉽게 잡을 수 있지만 먹을 것이 별로 없고, '사슴(큰 사냥감)'은 먹을 것은 많지만 사냥하기 어렵다. 사슴을 잡으려면 토끼를 포기하고 두 사람이 협력해야 한다. 둘이 협력할 경우 각자에게 이득이 있으므로 그들의 동기는 일치한다. 이때 순전히 인지적인 딜레마가 발생하는데, 각자 협력할 의사가 있을 때에만 협력이 가능하다는 점이다. 상대방이 토끼를 포기하고 사슴을 잡으러 갈 생각이 있을 때에만 협력할 동기가 생기고, 상대방도 내가 사슴을 잡으려고 할 때만 협력하기를 원한다. 이러한 교착상태를 어떻게 벗어날 수 있을까? 딜레마에서 벗어날 간단한 방법들이 있지만(침팬지들이 쓰는 리더-추종자 전략에 대해서는 Bullinger et al., 2011b를 보라), 항상 불균형한 위험을 떠안는 쪽이 생겨서 특정 상황에서는 불안정할 수밖에 없다. 토끼는 수가 적고 사슴 사냥은 성공 확률이 희박할 때는 비용과 이득을 분석하여 잠재적인 파트너가 사슴을 사냥할 마음이 있는지 확실히 알고 싶어 할 것이다.

토머스 C. 셸링Thomas C. Schelling(Schelling, 1960)과 데이비드 K. 루이스 David K. Lewis(Lewis, 1969)의 연구에 따르면, 이런 방식의 조율에는 일종의 상호 지식 또는 재귀적 마음 읽기가 필요하다. 내가 협력하려면 상대방도 협력하기를 기대해야 하는데, 그러려면 나는 상대방이 협력할 의사가 있음을 기대하고 상대방은 내가 협력을 기대하기를 기대하고 나는 상대방이 내가 협력을 기대하기를 기대하기를 기대하고……. 셸링과 루이스에게 이 과정은 놀랍기는 했지만 이상할 정도는 아니었다. 그러나 훗날 학자들은 이러한 분석에 문제가 있다는 점을 지적했는데, 상대방의 생각에 대한 생각이 꼬리에 꼬리를 물고 무한히 진행되는 일은 실제로 벌어지지 않는다는 것이었다. 만약에 이런 식으로 무한히 반복된다면 어떤 결정도 내릴 수 없을 것이다. 클라크H. Clark(Clark, 1996)는 좀 더 현실적인 설명을 내놓았는데, 인간에게는 타인과 공유하는 '공통 기반'common ground(예컨대 우리 둘 모두 사슴 사냥을 원한다는 것을 알고 있다)'이 있다는 것이었다. 그리고 공동의 목적을 위해 공동 결정을 내릴 때 이러한 공통 기반이면 충분하다고 했다. 마이클 토마셀로Michael Tomasello(Tomasello, 2008)는 사람들 사이에 실제로 작동하는 것은 공통 기반과 같은 것이지만, 마음의 동요가 생길 때 사람들은 종종 (단지 몇 단계로 끝나는 재귀적 구조로) '저 사람은 내가 자신의 생각에 대해서 생각하는 것을 생각……'하는 식의 추론을 활용하여 설명한다고 주장했는데 이는 재귀적인 구조가 바탕에 깔려 있음을 의미한다. 그래서 나는 사람들이 타인과의 공통 기반을 바탕으로 생각하며, 이때 항상 재귀적 마음 읽기가 필요한 것은 아니지만 필요하다면 공통 기반을 몇 단계의 재귀적 구조로 분해하여 '상대방의 생각에 대한 나의 생각을 상대방이 어떻게 생각할까'와 같은 것들을 묻는다고 생각한다.

어찌 되었든 재귀적 마음 읽기를 할 수 있는 사람은 토끼와 사슴

중에서 선택해야 할 때 유리했을 것이다. 그리고 더 복잡한 협력적 의사소통을 개발한 사람들은 더 큰 이점을 갖게 되었을 것이다. 따라서 인간 생각의 자연사는 인류 초기 형태의 소규모 협력을 조정하기 위해 진화한 공동 지향성과 그 사고에서 출발해야 하며, 이것은 그 후에는 협력적 의사소통으로 발전한다.

## 공동 목적과 개인의 역할

공동 목적(공동 관심)은 다음과 같은 단계로 형성된다(Bratman, 1992). 사슴 사냥이라는 공동 목적이 생기려면 (1) 내가 상대방과 함께 사슴을 사냥하려는 목적을 가져야 하고, (2) 상대방도 나와 함께 사슴을 사냥하겠다는 목적을 가져야 하며, (3) 둘 모두 서로의 목적을 이해하고 있다는 상호 지식 또는 공통 기반을 가져야 한다.

여기서 중요한 것은, 단지 사슴을 잡는 것이 목적이 아니라 상대방과 함께 사냥하는 것이 목적이라는 점이다. 각자 사슴을 잡기 원한다면(이것이 공통 지식이라 할지라도. Searle, 1995) 함께 하는 것이 아니라 개별적으로 할 것이다. 또한 우리가 서로의 목적에 대해 이해하고 있다는 점 역시 중요하다. 다시 말해 우리 각자의 목적은 개념적 공통 기반의 일부다. 사슴을 함께 사냥하기 원할지라도, 누구도 이 사실을 알지 못한다면 실패하고 말 것이다(루이스와 셸링이 기술한 그 모든 이유 때문에). 따라서 공동 지향성은 함께 사냥하려는 의도를 서로 알고 있다는 상호 지식 또는 공통 기반 위에서 작동한다.

아이들이 다른 사람에게 공동 목적을 제안하기 시작하는 것은 대략 생후 14개월에서 18개월 사이로 거의 말을 하지 못하는 시기다. 펠릭스 워르네켄Felix Warneken(Warneken et al., 2006, 2007)은 이 나이 유아들의 공동 활동 실험을 했다. 이를테면 성인 실험자와 도구의 한쪽 끝을 각자 조작함으로써 장난감을 얻게 되는 상황에서 실험자가 특별한 이유 없이 자신의 역할을 그만두면 아이들은 기분이 좋지 않은 표정을 짓고 자신의 파트너와 다시 함께 하기 위해 여러 시도를 한다(만약 실험자가 적절한 이유로, 예컨대 다른 일을 해야 해서 그만두었을 경우에는 아이들도 그런 행동을 보이지 않는다(Warneken, 2012)). 흥미롭게도 사람 손에 길러진 침팬지들은 이유 없이 역할을 그만두는 실험자에게서 곧바로 미련을 버리고 혼자 자신의 목적을 달성할 방법을 찾는다. 아이들의 재계약 시도가 공통 기반에 의한 공동 목적이라고 보기는 어렵다 하더라도, 최소한 자신의 파트너가 다시 협동할 의사가 있을 것으로 기대한다는 점을 반영한다. 그러나 침팬지들은 그런 기대를 하지 않는다.

생후 만 3년이 지난 아이들은 공동 목적을 가지며, 유혹이 있는 상황에서도 공동 활동에 전념한다. 예컨대 카타리나 하만Katharina Hamann(Hamann et al., 2012)은 만 세 살 아이 둘을 대상으로 계단식 구조물의 맨 위에서 장난감을 얻을 수 있는 실험을 했는데, 과제 완료 이전에 한 아이에게만 깜짝 선물을 주면 행운의 아이는 자신의 동료가 과제를 완료하고 장난감을 얻을 때까지 기다린다(그들이 협력하지 않고 개별적으로 행동할 때 유사한 상황이 주어지면 아이들은 짝을 돕긴 하지만 끝까지 기다리지 않고 보상을 즐기는 경향이 있다). 아이들은 상대방과 함께 보상을 얻으려는 공동 목적을 일찍부터 설정하며, 공동 목적을 실현하기 위해 필요한 조정을 하는 것으로 보인다. 다시 말하지만 대형 유인원은 이러한 행동을 보이지 않는다. 그린버그(Greenberg et al., 2010)가 한 실험에서 침팬지들은 사람과 달리 짝이 보상을 얻을 때까지 기다리지 않았다. 〔그리고 하만(Hamann et al., 2011)의 실험에서 과제를 완료한 만 세 살 아이들은 짝과 보상을 공평하게 나누려고 한 반면 침팬지들은 그러지 않았다.〕

만 세 살 또래의 아이들이 협력 파트너에게 의무감을 느낀다는 점이 중요하다(Gilbert, 1989, 1990). 마리아 그래펜하인Maria Gräfenhain(Gräfenhain et al., 2009)은 아이들이 한 명의 실험자와 게임을 하기로 동의하게 한 다음에 다른 실험자가 더 재미있는 게임을 제안하는 상황을 만들었는데, 대개 만 두 살 아이들은 곧장 새로운 게임으로 옮겨가지만 만 세 살 이상의 아이들은 함께 놀던 어른에게 장난감을 건네면서 '작별 인사'를 하고 떠난다. 아이들은 짝과 한 약속에는 의무가 따른다는 것을 알고, 의무를 다하지 못할 때는 알려주거나 사과해야 한다고 생각하는 것 같다. 이런 유형의 침팬지 실험은 아직까지 없었지만, 동료와 한 약속을 지키지 못할 때 양해를 구하거나 사과하는 침팬지는 한 마리도 관찰된 적이 없다.

협력 활동에는 공동 목적과 함께 분업과 개인의 역할이 요구된다. 마이클 E. 브래트먼Michael E. Bratman(Bratman, 1992)은 협력 활동의 공동 목적을 위해 개인의 실행 계획이 맞물리도록 해야 하며, 필요하다면 서로 도와야 한다고 했다. 위에서 언급한 하만(Hamann et al., 2012)의 실험에서 아이들은 짝을 도울 필요가 있을 때 자신의 역할을 잠시 멈췄다. 이는 참여자들이 서로에게 주의를 기울이면서도 각자의 목표를 추구하고 있으며, 자신에게 신경을 써주는 짝에게 주의를 기울인다는 점을 암시한다. 실제로 다른 연구에서 아이들은 침팬지와 달리 협력 파트너의 역할을 배우는 모습이 관찰되었다. 예컨대 말린다 카펜터Malinda Carpenter(Carpenter et al., 2005)는 어린아이가 협력을 하면서 하나의 역할을 수행한 뒤에 재빨리 다른 역할로 전환할 수 있음을 관찰했는데, 침팬지들은 이러한 역할 전환을 하지 못했다(Tomasello and Carpenter, 2005). 가장 중요한 것은 그라체 E. 플레처Grace E. Fletcher(Fletcher et al., 2012)의 연구인데, 만 세 살 아이가 우선 A 역할로 협력에 참여하고 나면 협력에 참여하지 않았을 때에 비해 B 역할을 어떻게 수행할지 훨씬 더 잘 알게 된다는 점을 발견했다. 침팬지들에게서는 이런 일이 관찰되지 않는다.

어린아이들은 협력할 때 각자에게 맡겨진 역할이 바뀔 수 있다는 것을 이해하기 시작한다. 이로써 아이들은 자신의 역할뿐 아니라 다양한 역할을 동일한 표상 형식으로 개념화하는 능력을 갖게 된다(Hobson, 2004). 인간에게만 있는 이러한 능력은 자타 등가성을 이해하고 있다는 점을 암시하며, 동일한 협력 활동에서 유사하거나 보완적인 활동에 참여하는 다른 행위자를 상상할 수 있게 한다. 대형 유인원에 대한 나의 견해에서처럼, 자타 등가성에 대한 이해가 생각의 다양한 조합을 가능케 한다. (또한 자타 등가성을 이해함으로써 자신과 타인의 문제로 국한하지 않고 가능한 모든 행위자들을 포함하는 주체 중립성의 단계로 들어서게 된다. 주체 중립성이 문화 규범과 제도, 그리고 좀 더 일반적으로는 '객관성'의 핵심 요소라는 것은 4장에서 다시 언급할 것이다.)

우리가 상상하는 초기 인류의 모델로 아이들이 적합하지 않을 수도 있다. 아이들은 현대 인류이며, 태어날 때부터 문화와 언어의 세례를 받고 자라기 때문이다. 그러나 생후 1년 정도의 나이에서는 문화 관습이나 언어의 영향이 아닌 인간 특유의 방식으로 타인과 협력을 하며, 그러한 협력은 세 살 정도까지 이어진다. 아이들은 공동 목적을 조율하고, 보상을 얻을 때까지 충실히 수행하고, 상대방도 공동 목적에 헌신할 것으로 기대하고, 보상을 협력자들과 공평하게 나누고, 계약이 깨지면 협력을 그만두고, 공동 활동에서 자신과 짝의 역할을 이해하고, 필요하다면 짝을 돕기도 한다. 인간과 가장 가까운 친척인 대형 유인원은 매우 유사한 상황에서도 공동 목적에 기초한 협력 활동을 보이지 않는다. 어린아이들이 인간만의 고유한 협력 동기를 갖는다는 점이 중요하다. 아이들과 침팬지들을 대상으로 한 최근의 연구에서 짝과 협력해서 먹이를 끌어오거나 혼자서 동일한 양(또는 많거나 적은 양)의 먹이를 끌어오는 선택이 주어질 때 아이들은 협력하기를 훨씬 선호했으며, 침팬지는 협력 여부와는 상관없이 먹이의 양이 많은 쪽을 선택했다(Rekers et al., 2011; Bullinger et al., 2011a).

**BOX1**                 **관계적 사고 relational thinking**

데릭 C. 펜Derek C. Penn(Penn et al., 2008)은 인간의 인지능력이 다른 영장류와 구별되는 지점이 관계에 대한 사고, 특히 고차 관계higher-order relations에 대한 생각이라고 주장했다. 또한 인지의 여러 다른 영역에서 증거들을 제시했는데, 이를테면 관계적 유사성 판단, 동일성 판단, 비유, 이행적 추론transitive inference, 계층적 관계 등을 언급했다.

그런데 이들의 문헌 조사는 확실히 편향되어 있다. 이들은 인간 외 영장류들이 이러한 형태의 인지능력을 갖고 있다는 사실을 외면했다. 예컨대 인간 외 영장류들은 분명 관계를 이해하며(영장류들은 절대적인 크기에 상관없이 일관되게 두 사물 중 큰 것을 고른다), 절대적 특성이 아니라 관계적 특성을 보고 동일성 판단을 한다(Thompson et al., 1997). 어떤 침팬지들은 축소 모형을 사용할 때 일종의 유비 추론을 하기도 하며, 많은 영장류들이 이행적 추론을 한다(Tomasello and Call, 1997).

그렇기는 하지만 인간이 유달리 관계적 사고에 능숙한 것도 사실이다(Gentner, 2003). 이러한 현상을 설명하기 위한 가설 중 하나는 실제로 두 종류의 관계적 사고가 있다는 것이다. 하나는 공간과 양의 물리적 세계를 다루며 '크고-작은, 밝고-어두운, 적고-많은, 높고-낮은, 같고-다른' 등의 특성이나 크기를 비교한다. 인간 외 영장류들은 물리적 관계와 관계적 크기를 다룰 수 있다. 인간 외 영장류들이 전혀 이해하지 못하는 것은(직접적으로 실험한 것이 별로 없지만) 두 번째 부류의 관계에 관한 것이다. 영장류 동물들은 대규모 활동에서 각자의 역할로 주어지는 기능과 관련된 분류를 이해하지 못한다. 반면에 인간은 애완동물, 남편, 보행자, 심판, 고객, 손님, 세입자 등 아트 마크먼Art Markman과 헌트 스틸웰Hunt Stillwell(Markman and Stillwell, 2001)이 말한 '역할 분류role-based categories'를 얼마든지 만들어 낸다. 이러한 역할 분류는 물리적 실체를 비교한다는 의미에서 관계적인 것이 아니라 어떤 상황에서 수행하게 될 구성원의 역할로서 정의된다는 점에서 관계적이다.

두 번째 형태의 관계적 사고가 공동 목적과 개인의 역할로 이루어지는 협력 활동에 대한 인간의 고유한 이해에서 비롯된다는 것이 나의 가설이다(아마도 나중에는 그 자체로는 협력 활동이 아니라 하더라도 모든 종류의 사회적 활동으로 일반화될 것이다). 인간은 이러한 활동을 구조화했기 때문에 누구라도 참여할 수 있는 역할 또는 추상적인 지위'slots'를 만들어 낼 수 있었다. 추상적 지위는 이를테면 주인공과 희생자, 복수자 등과 같이 좀 더 추상적인 설화적 분류뿐만 아니라 사냥감을 죽이는 데 사용하는 것들(즉 무기, Barsalou, 1983)과 같은 역할 기반 분류를 만들어 냈다. 그리고 인류는 언제부턴가 이러한 추상적 지위에 관계적 항목들을 대입하기 시작했다. 예를 들면 결혼한 부부는 문화 행사에서 어떤 역할을 수행할 수 있다. 이것은 펜(Penn et al., 2008)이 인간의 생각을 구별짓는 중요한 특성으로 강조했던 고차 관계적 사고의 기초를 이룬다.

어쨌든 협력을 위한 중층적dual-level 인지 모델이 만들어지면서 사람들은 훨씬 넓고 유연한 관계적 사고를 할 수 있게 되었고, 아마도 고차 관계적 사고까지 가능해졌을 것이다.

요약하자면, 초기 인류가 새로운 인지 모델을 만들어 낸 것으로 보인다. 공동 목적을 위한 협력은 공동 지향성에 기반한 새로운 사회적 관계를 만들어 냈고, 각자의 역할을 부여했다. 공동성과 개인성을 동시에 가지는 중층적 구조(개인의 역할에 의한 공동 목적 추구)는 인간만의 인지능력과 동기를 요구하는 양자 간 공동 계약이다. 이러한 중층적 구조는 이 책에서 다루지 않는 인간 인지능력의 여러 다른 측면에도 놀라운 영향을 미친다.

## 공동 관심과 개인의 관점

생명체는 자신의 목적에 따라 관심을 기울인다. 두 사람이 협력하려면 공동 목적이 있어야 한다. 행동을 조정하려 할 때는 관심을 조정하는 방법이 효과적이다. 이러한 조정은 협력자들이 상대방의 관심에 관심을 기울이고 있다는 공통 기반을 바탕으로 한다(Tomasello, 1995). 공동 행동, 공동 목적, 공동 관심은 함께 진화했다.

　나는 타인과 함께 공동 관심을 추구하는 능력의 계통발생적 기원이 협력 활동이라고 생각한다. 나는 공동 목적에 의해 만들어진 공동 관심을 '하향식top-down' 공동 관심이라 부른다(Tomasello, 2008).(반면에 갑자기 큰 소리가 나서 모두가 관심을 기울이는 경우도 있을 것이다(상향식bottom-up 공동 관심).) 생후 9개월에서 12개월 사이의 아기는 시각적인 공동 관심을 통해 타인과 공동 행동을 만들어 내는데, 이를 공동 관심 행동joint attentional activities이라고 부르기도 한다. 물건을 주고받거나, 공을 앞뒤로 굴리거나, 블록을 함께 쌓거나, 장난감을 함께 정리하거나, 책을 함께 '읽는' 행위 등이 이에 해당한다. 사람 손에 길러진 침팬지들은 공동 관심 행동을 보이지 않는다(Tomasello and Carpenter, 2005).(인간이 아닌 영장류에게서 공동 관심이 관찰된 경우는 없었다.)

공동 협력 활동에서 각자의 역할이 있는 것처럼, 공동 관심과 관련해서도 사람들은 각자의 관점을 가지며 다른 사람들도 개인적인 관점을 가진다는 것을 안다. 관점을 이야기할 때는 동일한 대상에 대해 각자 다른 관점이 있음을 전제로 한다(Moll and Tomasello, 2007). 반대편 창문을 보고 있다면, 서로 다른 것을 보고 있는 것이지 다른 관점을 가지고 있다고 말하지 않는다. 따라서 (1) 나와 상대방이 '동일한' 대상을 보고 있으면서 (2) 서로 다른 측면에 관심이 있다는 것을 이해할 때 다른 관점을 가진다고 이야기할 수 있다. 어떤 사물의 한 면을 보고 90도 돌려서 다른 면을 보는 것을 두 가지 관점을 가진다고 이야기할 수 없다. 그러나 서로 다른 두 사람이 동시에 동일한 대상을 바라보고 서로 그것을 인식하고 있을 경우에는 다른 관점을 이해할 '자리가 만들어진다.space is created.[데이비드슨의 비유(Davidson, 2001)][3]

아이들은 생후 1년이 지나면서부터 공동 관심 행동을 하기 시작하며, 다른 사람의 관점이 자신의 관점과 다르다는 것을 이해하기 시작한다. 한 실험에서 아이는 실험자와 세 개의 장난감을 가지고 놀다가, 실험자가 잠시 방을 떠난 사이에 다른 실험자와 네 번째 장난감을 가

---

**3** 데이비드슨은 신념을 일종의 관점으로 생각한다. 틀릴 수도 있는 누군가의 세계에 대한 인지적 표상을 신념이라고 보는 것이다. 데이비드슨은 두 사람이 동일한 대상이나 사건을 다르게 본다는 전제가 있어야 오류라는 개념이 성립한다고 생각하며, 이것은 곧 관점의 문제로 치환된다. 그러나 오류 개념을 위해서는 관점 중 하나를 정확한 것으로 채택하고 나머지는 오류라고 판단할 '객관적' 관점을 추가로 도입해야 한다. 이 객관성이라는 관념은—신념이라는 관념은—주체 중립적인 관점이 출현하기 전의 인류에게는 주어지지 않은 것이다(4장 참고).

지고 논다. 방으로 돌아온 첫 번째 실험자가 "와우! 멋지다! 저것 좀
봐!"라고 외치면, 생후 12개월 된 아기들도 사람들이 익숙한 것보다
는 새로운 것에 흥분한다는 것을 알기 때문에 실험자를 흥분하게 한
것이 자신에게는 익숙하지만 실험자에게는 새로운 장난감이라는 것
을 안다.

　이것은 레벨1 관점 획득level 1 perspective taking이라 부르는 것이다. 다
른 사람들이 어떤 것을 보고 있는지 아닌지에만 관심을 갖고 어떻
게 보는지에 대해서는 상관하지 않기 때문이다. 레벨2 관점 획득level 2
perspective taking은 동일한 대상을 다른 사람들은 다르게 볼 수 있다는 점
을 이해하는 것이다. 예를 들어, 몰(Moll et al., 2013)의 실험에서 만 세
살 아이들은 자신에게는 파란색으로 보이지 않는 물건을 파란 필터
를 낀 어른이 '파랑'이라고 부르며 가리켜도 무엇을 가리키는지 이해
했다. 아이들은 자신의 관점과 다른 타인의 관점을 취할 수 있다. 그
러나 아이에게 어른 실험자와 사물을 **동시에** 다르게 보았냐고 물어
보면 제대로 답하지 못했다. 실제로 아이들은 네 살이나 다섯 살이
되기 전까지는 공동으로 관심을 기울이는 상황에서 상충하는 관점
이 동시에 존재할 수 있다는 점에서 혼란을 느낀다(Moll and Tomasello,
in press). 따라서 네 살이나 다섯 살 이전의 아이들은 한 대상에 두 개
의 이름이 붙는 것(어떤 것은 말이기도 하고 동시에 조랑말이기도 하다)에 혼란스
러워하고, 외양−실제 구분 과제appearance-reality task(어떤 것은 돌이기도 한 동시
에 스폰지이기도 하다. Moll and Tomasello, 2012)와 틀린 믿음 과제false belief task(어
떤 것이 캐비넷에 있거나 상자에 들어 있다)에서도 혼란스러워한다. 공동 관심

을 기울이는 것에 대해서 (특히 양쪽 모두 '현실'을 묘사하려는 의도가 있을 때) 상반된 관점의 충돌을 해결하기 위해서는 객관적인 현실을 다루는 기술들이 추가로 필요하며, 각자의 관점이 현실과 어떻게 연관되는지도 이해할 수 있어야 한다. 이러한 기술은 생각의 다음 진화 단계에서 등장한다(95쪽 각주 6 참고).

그렇게 우리는 티핑 포인트에 도달했다. 다른 사람과의 공동 목적을 위해 행동과 관심을 조정하는 능력에 기반하여, 초기 인류는 동일한 상황이나 사물에 대해서도 각자 다른 관점을 가질 수 있다는 것을 이해하게 되었다. 반면에 대형 유인원(인간과의 마지막 공통 조상을 포함해)은 이와 같은 방식으로 행동과 관심을 타인과 조정하지 못한다. 그래서 그들은 동일한 상황이나 사물에 다른 관점이 동시에 존재할 수 있다는 점을 전혀 이해하지 못한다. 우리는 여기서 또 한 번 공동성과 개인성을 동시에 지닌 증층적 구조를 발견할 수 있다. 공동 목적과 개인 목적의 중층적 구조를 지닌 협력 행동에서처럼 공동 관심 행동도 공동 관심과 개인 관심의 중층적 구조를 갖는다. 공동 관심에 의해서 타인과 상호 주관적인 세계를 구축하게 되었고, 인간의 협력 커뮤니케이션의 기초를 만들었다. 따라서 우리는 이렇게 주장할 수 있다. 아주 어린 아이들에게서도 나타나는 공동 협력 활동에서의 공동 관심은 인류의 진화에서 사회적으로 공유되는 인지의 가장 기초적인 형태이며, 이미 초기 인류도 갖추고 있었다. 또한 사회적으로 공유된 인지의 초기 버전이 관점적인 인지 표상의 씨앗이 되었다.

## 사회적 자기관찰

초기 인류는 먹을거리를 구하기 위해 협력이 불가피한 환경에 처했으며, 좀 더 사회적인 방식이 필요했다. 협력을 위해 공동 지향성 기술은 필수이기는 하지만 그것만으로 충분하지는 않았다. 좋은 파트너를 만나는 것도 필수적이었다. 좋은 파트너를 알아보는 것이 항상 어렵기만 한 것은 아니다. 침팬지들도 약간의 경험이 쌓이면 어떤 침팬지가 좋은 파트너인지 가리는 법을 배운다(Melis et al., 2006b). 하지만 자기 자신도 역시 좋은 협력자여야 한다(적어도 그렇게 보여야 한다). 동료에게 매력적인 파트너가 되어 협력 기회를 얻으려면 뛰어난 협력 기술을 갖춰야 할 뿐 아니라, 자신의 역할을 잘 해내야 하고 파트너를 도와야 하며 성과물을 잘 분배해야 한다.

그래서 초기 인류는 다른 동료들이 자신을 협력 파트너로서 어떻게 평가하는지 관심을 기울이고 사회적 평판이 좋아지게끔 행동해야 했는데, 나는 이것을 사회적 자기관찰이라 부른다. 다른 대형 유인원들은 사회적 자기관찰을 하지 않는 것으로 보인다. 엥겔만J. Engelmann(Engelmann et al., 2012)의 실험에서 유인원은 먹이를 나누거나 몰래 독차지할 수 있는 선택 상황이 주어질 때 다른 유인원이 지켜보고 있는지는 전혀 상관하지 않고 행동했다. 그러나 인간 유아는 동일한 상황에서 다른 아이들이 지켜보고 있을 때 먹을 것을 더 나누고 덜 훔쳤다.

사회적 평판에 관심을 기울이게 된 것은 협력 파트너와 서로 의존해야 했기 때문이었을 것이다. 파트너가 나를 어떻게 평가하느냐에 따라 생존 경쟁력이 달라진다. 사회적 평판에 대한 관심은 또 다른 유형의 재귀적 사고다. 상대방이 나를 어떻게 생각하는지에 대해 생각하는 것이다. 따라서 사회적 자기관찰은 자신의 행동을 조절하는 첫 단계다. 유인원들은 도구의 성공 여부를 따지며 행동을 조절하지만, 인간은 자신에게 중요한 동료들의 사회적 평가에 맞춰 자신의 행동을 조절한다. 이것은 특정한 동료 개인의 평가를 따르는 것이기 때문에 양자 간 현상으로 생각해도 좋다. 자신의 행동 기준에 대한 다른 사람의 평가에 보이는 관심은 사회적 규범의 초기 형태가 되었으며, 집단의 기대에 부합하기 위한 규범적 자기규제로 발전하는 첫 단계였다. 현대 인류의 중요한 특징인 규범적 자기규제는 우리 진화 이야기의 다음 단계로 넘어가서 자세히 다룬다(4장 참고).

## 요약: 양자 간 사회적 관계

대형 유인원은 다른 유인원의 의도적 행동을 이해하는 사회적 인지 능력을 제법 가지고 있다. 그러나 대형 유인원은 다른 유인원과 공동 지향점을 설정하는 관계를 맺지 않는다. 그래서 유인원들은 다른 유인원의 목적과 의도를 이해하고 때때로 돕기도 하지만(Warneken and Tomasello, 2009), 공동 목적을 위해 협력하지는 않는다. 대형 유인원은 다른 개체가 무엇을 보고 있다는 것을 이해하고 시선을 따라 같은 곳을 볼 수도 있지만(Call and Tomasello, 2005), 공동 관심을 매개로 협력하지 않는다. 또한 대형 유인원은 결정을 내리고 자기관찰을 하지만, 공동으로 결정을 내리거나 타인의 사회적 평가를 잣대로 자신을 관찰하지 않는다. 두 개체가 함께 재귀적으로 서로의 의도적 상태에 관심을 기울이는 공동 지향성은 초기 인류에 이르러서야 등장했다.

새로운 유형의 공동 계약은 양자 간 관계, 즉 '나'와 '너'의 관계다. 양자 간 관계는 두 가지 특징을 지니는데, 그것은 (1) 개인이 관찰자에 머물지 않고 직접 사회적 상호작용에 관여한다는 점, (2) 상호작용이 일반적인 대상과 이루어지는 것이 아니라 특정한 개인과의 관계로 이루어진다는 점이다(여러 개인이 있을 경우 많은 양자 간 관계가 성립하지만 집단이라는 의미에서는 아니다). 양자 간 계약의 다른 특징들에 대해서는 뚜렷한 합의가 없긴 하지만, 스티븐 다월Stephen Darwall(Darwall, 2006)은 추가로 (3) 근본적인 협력적 태도인 '상호 인정'을 언급했다. 이는 이를테면 각각의 파트너가 상대방을 동등한 개인으로서 존중하고 또 상대방으로부터도 그런 존중을 받기를 기대하는 것을 말한다.

진화적인 이야기로 정리하자면, 대형 유인원은 무리를 지어 나란히 사냥을 했지만(각자 원숭이를 쫓는 식) 초기 인류(아마도 40만 년 전의 호모 하이델베르겐시스)는 공동 지향성을 위한 동기와 기술을 개발하여 진정한 공동 협력(각자의 역할을 하면서 함께 원숭이를 사냥하는 것)으로 넘어가게 되었다. 또한 초기 인류는 대형 유인원의 병렬적 관심 행동(각자 바나나를 바라보는 것)에서 진정한 공동 관심(각자의 관점으로 바나나를 함께 바라보는 것)으로 이행했다. 그러나 문화적 관습과 제도에 의한 현대 인류의 방식과는 달랐다. 초기 인류의 협력 활동은 특정 상황에서 특정 목적을 가지고 특정 사람과의 공동 관심에 기반하여 임시적으로 이루어진 것이었다. 협력 활동이 끝나면 공동의 지향점은 곧장 사라졌다.

이러한 사회적 상호작용이 반복되면서 공동성과 개인성을 동시에

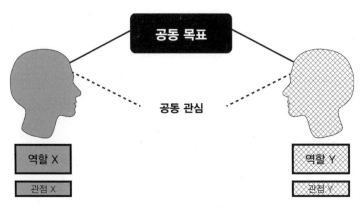

**그림 3-1** 공동 협력 활동의 중층적 구조

갖는 중층적 구조의 인지 모델이 생겼는데, 이는 일종의 공통 기반과 재귀적 마음 읽기에서 비롯된다(그림 3-1). 이러한 중층적 양자 간 인지 모델은 인간만이 가진 거의 모든 특징의 토대가 되었다. 그로부터 관점에 대한 지향과 추론을 포함하여 인간 특유의 협력 커뮤니케이션을 위한 공동 지향성 구조가 생겼으며(다음 절에서 설명할 것이다), 이러한 것들이 현대의 문화적 관습, 규범, 제도의 토대가 되었다(다음 장에서 살펴볼 것이다).

## 새로운 유형의 협력 커뮤니케이션

초기 인류는 그들의 행동과 관심을 조정했다. 그러나 좀 더 복잡한 방식, 예를 들면 다양한 긴급 상황에서 각자의 역할을 계획하여 협력한다든지 행동을 순차적으로 계획한다든지 하는 조정을 위해서는 새로운 유형의 협력 커뮤니케이션이 필요했다. 고대의 대형 유인원이 몸짓과 목소리를 이용해 역할을 분담하고 공동으로 계획을 수립할 수 없었던 이유는 두 가지다. 첫째, 고대의 대형 유인원은 온전히 자신의 목적을 위해서만 몸짓과 목소리를 사용했으며, 공동의 목적을 위한 협력에는 관심이 없었다. 둘째, 그들은 타인의 행동을 직접적으로 조정할 목적으로 몸짓과 목소리를 사용했으며, 협력을 위한 행동과 관심을 조정하기 위해 활용하지 않았다.

나는 인간의 협력 커뮤니케이션이 정보 전달을 위한 손가락 지시와 팬터마임에서 시작되었다고 생각한다(Tomasello, 2008). 손가락 지시와 팬터마임은 인류에게서 보편적으로 나타난다. 언어를 사용하지 않는 사람들도 공유된 최소한의 정보에 기반하여 손가락과 팬터마임으로 효과적으로 의사소통할 수 있다. 그러나 이를 위해서는 공유 정보에 기반하여 상당히 깊은 대인관계에 관한 지향과 추론 능력이 필요했다. 만약 누군가 나무를 가리키거나 팬터마임을 할 때, 그와 공유한 정보가 전혀 없다면 그 의미를 알 수 없을 것이다. 따라서 손가락 지시와 팬터마임은 초기 인류의 사회적 조정을 해결하기 위해 생겼으며 타인과의 행동을 조정할 뿐 아니라 의도를 조정하기 위해서도 활용되었고, 새로운 사회적 조정 문제를 해결하기 위해서는 새로운 방식의 생각이 필요했다.

## 새로운 커뮤니케이션 동기

서로 도우면서 자신의 역할을 수행하는 공동 협력 활동은 각자에게 이득이다. 이러한 사실을 깨달은 인간은 새로운 유형의 의사소통을 개발하게 되었지만, 다른 영장류들은 관심이 없었다.(예외가 있긴 하다. Crockford et al., 2011을 참고하라.) 즉 인간만이 동료에게 유익한 정보를 제공하여 돕고자 한다. 요청과 정보 전달을 명확히 구분하지 못했기 때문에 이런 식의 의사소통 동기가 생겼다고도 볼 수 있다. 동료와 함께 꿀을 모으고 있을 때 동료에게 막대기를 사용해 보라고 손가락으로 가리킬 수도 있지만, 단지 막대기가 있다는 것을 알려주기 위해 가리킬 수도 있다. 동료가 그것을 보면 사용하려 할 것을 알기 때문이다. 공동 목적을 위해 협력할 때는 관심이 일치하기 때문에 정보 전달은 요청하는 효과가 있다.

따라서 초기 인류의 손가락 지시는 협력 커뮤니케이션의 첫 번째 사례였으며, 손가락 지시가 아직 요청인지 정보 전달인지 분명히 하기 어려운 의도에서 비롯되었다는 진화적인 주장이 가능하다. 그러나 어떤 시점이 되자 초기 인류는 타인과의 상호 의존성을 단지 협력 활동을 하고 있을 때뿐만 아니라 더 넓은 의미로 이해하기 시작했는데, 이를테면 협력자가 내일의 사냥에서 좋은 컨디션을 유지하려면 오늘밤 굶지 않도록 도와야 한다는 생각을 하게 되었다. 그리고 협력 활동을 벗어나면, 나의 이득을 위해 도움을 요청하는 것과 상대방을 위해 유익한 정보를 제공하는 것을 명확히 구분했다. 그래서 초기 인류에게는 지시deictic 표현과 요청하거나 정보를 제공하는 두 가지 다른 동기가 생겨났으며, 모든 사람이 이것을 이해하고 사용할 수 있었다.

협력을 해야 하는 실험 상황에서 대형 유인원이 지향적 의사소통을 하는 경우는 거의 없다(예를 들어 Melis et al., 2009; Hirata, 2007; Povinelli and O'Neil, 2000). 유인원은 항상 명령조로 소통한다(Call and Tomasello, 2007; Bullinger et al., 2011c). 이와는 달리 생후 14개월에서 18개월 사이의 인간 유아는 타인과 의미 있는 협동을 할 수 있게 되자마자 요청인지 정보 전달인지 애매한 손가락 지시를 사용하여 공동 활동을 조율하려 한다(예를 들어 Brownell and Carriger, 1990; Warneken et al., 2006, 2007). 그러나 협력 활동을 벗어나면, 생후 12개월밖에 되지 않은 아기들도 누군가 물건을 찾고 있을 때 손가락으로 가리켜 위치를 알려주려 한다. 울프 리츠코프스키Ulf Liszkowski(Liszkowski et al., 2006, 2008)의 실험에서 생후 12개월 된 아기들은 물건을 찾고 있는 실험자에게 (다른 물건들에 비해 좀 더 자주) 그 물건의 위치를 손가락으로 가리켜 알려주었는데, (울거나 다가가는 등의) 갖고 싶다는 의사 표현은 하지 않았다. 아기들은 단지 돕고 싶었을 뿐이다.

정보 제공 커뮤니케이션의 출현은 인간에게 특유한 생각의 진화에서 세 가지 중요한 결과를 가져왔다. 첫째, 정보를 제공하려는 동기는 솔직하고 정확하게, 즉 진실되게 전달하도록 했다. 협력 활동 중에서나 더 광범위한 상호 의존 관계에서나 자신이 협력하기에 좋은 사람처럼 보이려면 다른 사람을 속이려고 하지 않는다. 물론 거짓말을 할 수도 있다. 도구가 있는 곳을 거짓으로 알려줄 수도 있다. 그러나 거짓말도 상호 협력과 신뢰를 전제로 했을 때 가능한 것이다. 상대방이 자신의 말을 신뢰하고 그에 따라 행동할 것으로 생각할 때에만 거짓말을 할 수 있다. 언어의 '객관성'과 같은 속성에 의해 진실에 접근하는 방법이 나중에 나타나겠지만(4장), 세계를 정확히 기술하려는 인간의 노력은 **우리**가 아니라 **그들**의 이익을 위해 정확한 정보를 전달하려 했던 데서 시작되었을 것이다. 진실이라는 개념은 개인 지향성이나 정확한 정보에 대한 욕구가 아니라 공동 지향성과 협력 커뮤니케이션에 의해 인간의 마음속에 자리 잡게 되었다.[4]

둘째, 새로운 협력 커뮤니케이션은 이른바 관련성 추론relevance inference이라는 새로운 추론을 만들었다. 다른 사람이 의사소통을 시도할 때 이런 식으로 생각할 수 있다. 상대방이 나를 도우려고 하는 것은 알겠는데, 그가 손가락으로 가리키는 저 상황이 왜 **나의** 관심사와 관련이 있을 것으로 생각할까 하는 질문을 스스로에게 던져 보는 것이다. 대형 유인원 실험에서 실험자가 땅바닥의 먹이를 가리키며 쳐다보면 유인원은 손가락과 시선의 도움으로 먹이를 가질 수 있게 되는데, 여기에는 추론이 필요 없다. 그런데 먹이가 두 양동이 중 하나에 숨겨진 경우(유인원도 둘 중 하나에만 먹이가 있다는 사실을 안다), 실험자가 한 양동이를 가리키면 유인원은 아무것도 알아차리지 못한다 (Tomasello, 2006). 유인원은 실험자의 손가락과 시선을 따라가지만, 실험자가 자신을 돕기 위해 먹이가 어디 있는지 알려주고 있다는 간단

---

**4** 거짓말이 가능하다는 것은 다른 사람의 얘기를 들을 때 '잘 따져 보아야 한다'는 것을 의미한다(Sperber et al., 2010). 참과 거짓을 가려 내려면 상호작용을 잘 이해해야 한다.

한 추론을 하지는 못한다. 유인원의 의사소통은 항상 명령조이며, 인간처럼 남을 돕기 위해 정보를 제공하지 않기 때문에 관련성 추론을 하지 않는다. 유인원들은 저 인간이 왜 아무 일 없는 양동이 하나를 가리키고 있는지 무심히 바라볼 따름이다. 중요한 것은 유인원이 인간의 행동으로부터 추론을 전혀 못하는 것이 아니라는 점이다. 경쟁적인 상황에서 인간이 필사적으로 양동이 쪽으로 향할 때 유인원은 그 양동이에 먹이가 있다는 것을 금세 알아차린다(Hare and Tomasello, 2004). 유인원들은 경쟁적인 추론을 한다. '저 사람이 저 양동이를 원하는 것을 보니 틀림없이 먹이가 거기에 있구나.' 그러나 유인원들은 '저 사람은 음식이 저 양동이에 들어 있다는 사실을 나에게 알려주려고 한다'는 식의 협력적인 추론을 하지 않는다.

대형 유인원의 행동은 인간 유아의 행동과 극명한 대비를 이룬다. 동일한 상황이 주어지면 말을 못하는 생후 12개월 아기도 실험자가 자신을 위해 손가락으로 가리키고 있다는 점을 의심하지 않는다. 아이들은 정보 전달의 동기를 이해하므로 실험자가 손가락으로 가리킨 양동이에 원하는 것이 들어 있다는 사실을 바로 알아차렸다(Behne et al., 2005, 2012). 협력을 위한 상호 전제가 인간에게는 자연스러운 것이어서, 상대방에게 전할 정보가 있다는 점을 분명히 하기 위해 눈을 맞추고 말을 거는 것과 같은 명시적인 신호를 개발했다. 진화적인 사례로 다음과 같은 상황을 생각해 보자. 함께 먹이를 구할 때 상대방과 눈을 맞추고 흥분된 목소리로 덤불 속의 열매를 가리키면, 상대방은 덤불을 살펴보지만 처음에는 열매가 보이지 않는다. 그러면 상대방은 손가락으로 가리키는 의도가 무엇이었을지 생각한다. 그러면서 덤불 속을 더 자세히 보고, 결국 열매를 발견할 수 있다. 손가락으로 가리킨 사람의 입장에서는 상대방이 나의 의도를 알아차리기만 한다면 협력에 참여하리라는 것을 안다. 그래서 상대방이 자신의 메시지를 잘 이해하기를 바란다. 그래서 상대방이 덤불 속에 열매가 있음을 알기를 원할 뿐만 아니라, 그러한 자신의 마음을 상대방이 알아채고 추론을 통해 결론에 도달하게 되기를 원한다(Grice, 1957; Moore, in press). 협력할 의사가 있다는 서로 간의 기대가 있으므로, 상대방에게 말을 건넬 때는 사실상 '당신은 이것을 알고 싶어 할 것이다'라고 말하는 것이며, 상대방 역시 선의로 받아들여 그 정보에 관심을 보인다.

셋째, 새로운 협력 커뮤니케이션의 영향으로 어조communicative force와 내용을 구분하기 시작했다. 요청하거나 정보를 전달하는 어조를 억양으로 표현하고, 손가락으로는 상황이나 명제 내용을 표현했다(주의: 이 시기의 초기 인류는 유인원과는 다른 방식으로 감정적인 언어 표현을 할 수 있어야 했음을 의미한다). 초기 인류는 덤불 속의 열매를 가리키면서도 억양으로 두 가지 의도를 표현할 수 있게 되었다. 열매를 가져다주기를 원할 때는 요청하는 억양을 사용하고, 알아서 열매를 가져가도록 할 때는 평이한 억양으로 위치를 알려주기만 하면 되었다. 어조와 내용은 명확히 구분할 수 있다. 열매가 있다는 것이 내용이며, 어조는 요청 또는 정보 제공이다. 물론 이러한 것들은 모두 암시적으로 표현되었으며, 어조와 내용를 명시적으로 구분하기까지는 오랜 세월이 더 흘러야 했다(4장 참고). 그러나 (상황적·명제적) 참조 내용을 동기와 의도에서 분리했다는 점에서 커다란 혁신이었다.

초기 인류의 공동 협업은 의사소통을 위한 새로운 동기를 창출했다. 동료에게 유익한 정보를 거짓 없이 알려주려는 협력적인 동기가 마련된 것이다. 정보를 받은 사람은 상대방이 왜 그 정보를 중요하다고 생각했는지 알기 위해 추론을 해야 할 동기가 생겼으며, 메시지를 주려는 사람은 자신이 중요한 정보를 가졌을 때 이를 알려야 할 동기가 생겼다. 요청과 알림이라는 서로 다른 두 가지 동기가 생겼다는 사실은 의사소통에서 상황적(명제적) 내용이 발화자의 의도와 분리되기 시작했다는 것을 의미한다.

## 의사소통을 위한 새로운 생각

협력 커뮤니케이션을 인지 기능의 관점에서 생각해 보자. 우선 상대방이 어떤 상황에 관심을 보일지 알 수 있어야 한다. 상대방도 마찬가지로 커뮤니케이터의 의도를 파악할 수 있어야 하는데, 그러려면 손가락으로 가리키는 여러 상황 중에서 어떤 것을 특정하여 의도를 전달하려는지 판단할 수 있어야 한다. 전달하려는 메시지(의도[5])가 '나무에 바나나가 달려 있다' 또는 '나무에 포식자가 없어 안전하다'처럼 상황 자체를 가리키는 것이라면 별 문제가 없겠지만, 손가락 지시는 다른 메시지를 주고자 할 때도 동일하게 활용된다. 어떻게 동일한 상황

---

**5**   여기서 언급된 의사소통 의도는 나의 논문(Tomasello 2008)에서의 의미와는 약간 다른데, 그라이스가 커뮤니케이션 의도communicative intention를 언급한 맥락에서의 사회적인 의도를 가리킨다.

에 대해 다른 메시지를 전달할 수 있을까?

이 문제를 풀기 위해서는 두 가지 전제가 필요하다. 의사소통 행위로 전달되는 메시지는 받는 사람과 관련된 것이다(Sperber and Wilson, 1996). 또 그 관련은 양측이 공유하는 공통 기반 위에 놓인다(Tomasello, 2008). 커뮤니케이션과는 무관하게 상대방의 이득과 관련되는 상황이 있다고 하자. 커뮤니케이션을 통해 상대방이 주의를 기울이게 하려면, 그것이 상대방과 관련 있음을 나도 알아야 하고 또 그런 사실을 상대방도 알아야 한다. 양측 모두 공통 기반 위에서 메시지를 받는 사람이 그 상황과 관련되어 있음을 알아야 한다. 가장 단순한 경우는 즉석에서 형성된 공통 기반을 가지고 공동 목적을 달성하기 위해 협력하는 상황이다. 하루 종일 바나나를 찾아 헤매고 있을 때 누군가 나무를 손가락으로 가리키면, 당연히 나무에 바나나가 있다는 뜻이다. 그런데 바나나나무 근처의 표범이 떠나길 기다리고 있던 중에 누군가 손가락으로 나무를 가리키면 당연히 표범이 떠났다는 뜻으로 읽힌다. 손가락이 가리키는 방향에서 서로의 마음이 일치되려면 공통 기반과 상호 가정이 필요하다(유인원들은 이런 방식의 협력 커뮤니케이션을 하지 않는다).

관련 상황이란 자신의 목적과 가치를 위한 기회일 수도 있고 장애물일 수도 있다. 몇 명의 무리가 과일을 찾고 있을 때 누군가 먼 곳의 바나나나무를 가리킨다면 바나나나무의 잎을 가리킨 것이 아니다. 그 순간에 이파리밖에 보이지 않는다고 하더라도 말이다. 그들은 스스로 무엇을 원하는지 알기 때문에 잎 속에 숨겨진 바나나를 찾아

볼 것이다. 또한 오직 '새로운' 상황만이 의사소통의 대상이 된다. 이미 알려진 정보에 대해서는 의사소통이 필요 없다. 바나나나무 근처에 있던 맹수가 떠난 뒤에 바나나나무를 가리킨다면, 맹수가 떠났음을 알리려는 의도임을 쉽게 파악할 수 있다. 그러나 여전히 바나나의 유무가 관심 사항인데도 맹수가 떠났다는 것을 어떻게 의도하고 추론할 수 있을까? 바나나의 존재는 이미 공유하고 있는 정보이므로 커뮤니케이션의 대상이 아니다. 도움이 되려면 새로운 정보를 줘야 한다. 그렇지 않다면 그게 웬 낭비인가. 인간의 협력 커뮤니케이션은 관련 상황에 대한 새로운 정보를 대상으로 한다는 점을 양측 모두 알고 있다는 전제로 이루어진다.

인간은 아주 어릴 때부터 특정인과 공유하는 정보를 놓치지 않고 잘 따라간다. 또 누군가 손가락으로 가리키는 것이 무엇을 의미하는지 이해할 수 있으며, 아이들이 직접 손가락을 들어 가리키기도 한다. 카챠 리벌Katja Liebal(Liebal et al., 2009)의 실험에서 실험자는 생후 1년이 된 어린아이와 함께 바닥에 흩어진 장난감을 바구니에 넣어 정리하는 상황을 연출했다. 어느 순간 실험자가 동작을 멈추고 바닥의 장난감을 가리키면 아이는 그 장난감을 집어 바구니에 넣는다. 그런데 다른 실험자가 나타나서 바닥의 장난감을 가리키면, 아이들은 대개 장난감을 집어 건네준다. 아이들은 동일한 의사소통 행위를 해석할 때, 그 순간 자기가 하고 있던 일이나 관심이 아니라 상대방과 공유하는 경험과 정보를 기반으로 해석한다(리벌(Liebal et al., 2010)의 다른 실험에서는 생후 1년이 된 아이들이 상대방과 공유하는 상황에 따라 손가락 지시를 다르게 활용할 수 있다는 것을 관찰했다.)

생후 1년이 된 아이들은 손가락의 메시지를 해석하기 위해 자신과 상대방 모두에게 새로운 사실이 무엇인지도 생각한다. 몰(Moll et al., 2006)의 실험에서 실험자는 생후 18개월 아기와 함께 장난감 드럼을 치며 노는 상황을 연출했다. 새로 나타난 실험자가 신이 난 표정으로 드럼을 가리키면 아이는 드럼이 멋지다는 뜻으로 해석한다. 그러나 드럼을 함께 치던 실험자가 똑같이 신이 난 표정으로 드럼을 가리키면 아이는 다른 해석을 한다. 드럼 그 자체는 이미 둘에게 새로울 것이 없기 때문이다. 아이들은 자신이 미처 알아차리지 못한 어떤 새로운 것 때문이라고 생각하고, 드럼의 반대편을 본다든지 하면서 뭔가 새로운 점을 발견하려고 한다. 아기들은 손가락으로 가리킬 때에도 공유된 정보와 새로운 정보를 구분하여 활용한다. 생후 14개월 아이가 엄마에게 자신의 의자를 식탁에 올려 달라는 뜻을 전할 때, 어떤 때(자신과 엄마가 테이블 위의 빈 공간을 함께 인지했을 때)는 의자를 가리키고  어떤 때(자신과 엄마가 의자를 인지했을 때)는 테이블의 빈 공간을 가리킨다(Tomasello et al., 2007a). 두 경우에 아기는 정확히 같은 것(의자를 테이블에 올리는 것)을 원하고 있었지만, 엄마가 어떤 정보를 알고 있느냐에 따라 의사소통을 달리 했는데, 아이는 상대방이 인지하지 못했거나 새로운 상황을 전달하고자 했다.[6]

---

**6**　일부 연구자들은 이른 시기에 나타나는 아이들의 손가락 지시 의사소통이 상당히 인지적인 것이라고 생각하며(Gomez, 2007; Southgate et al., 2007), 유아들의 손가락 지시는 인지적으로 더 간단한 형태일 것으로 생각한다.

손가락 지시와 추론에 의한 협력 커뮤니케이션은 새로운 생각을 요구한다. 사실상 생각의 세 요소(표상, 추론, 자기관찰) 각각에 사회성이 스며들어야 한다.

표상에서는 상대방의 관점에서 상황을 표현해야 한다는 점이 새롭게 요구되었다. 그래서 커뮤니케이터는 현재 상황에서 상대방이 어떤 것에 관심이 있는지 알아내려고 노력하게 되었다(예를 들어 나무를 가리킬 때 그 장면은 '바나나가 있다' 또는 '맹수가 없다'와 같은 여러 상황을 담고 있다). 상대방의 관점에서 상황을 보는 것이다. 커뮤니케이션 행위는 상황 전체가 아니라 요소들을 가리키기도 한다. 만약 불을 피우는 중에 누군가 나뭇가지를 가리킨다면 장작으로 해석될 것이다. 그러나 동굴을 청소하던 중이라면 나뭇가지는 쓰레기로 해석된다. 사물 선택 실험에서 '먹이가 **세 번째 양동이**에 있다'라는 메시지를 전할 때 양동이는 물을 담아 나르는 용기가 아니라 장소**로서의** 의미를 가진다. 협력적 손가락 지시는 사물에 대해 다른 개념과 해석을 만들어 낸다. 동일한 사물을 다양한 '모습'으로 '묘사'하는 능력은 인간의 개념적 사고의 특징 중 하나이며, 이것은 언어적 창조성으로 이어질 것이었지만 이 단계에서는 의미를 지닌 관습과 기호를 활용하지는 못했다.

협력적 의사소통의 추론은 재귀적인 성격을 지닌다. 상대방이 내 의도를 어떻게 파악하고 있는지 추론할 수 있는 사람들끼리 서로 주고받는 추론이 된 것이다. 예를 들어 사물 선택 실험에서 상대방의 **의도**—그가 양동이에 음식이 들어 있음을 **알고 있다**—를 추론하게 되는데, 이러한 사회적 재귀 추론은 유인원들에게서는 전혀 찾아볼 수 없는 것이다. 이러한 추론은 다음과 같은 식의 귀추법을 필요로 하는데, 예컨대 상대방의 **의도**가 보상이 어디에 있는지 **알고** 있다는 것이라면, 빈 양동이를 가리키는 것이 아니라고 생각하는 게 합당하다(공통 기반, 관련성, 새로움 면에서 일치한다)는 식이다. 커뮤니케이터는 상대방의 귀추법을 도우려고 한다. 그래서 커뮤니케이터는 일종의 시뮬레이션(생각)을 해야 한다. 손가락으로 어딘가를 가리켰을 때 상대방이 어떤 추론을 할지 상상하는 것이다. 내가 이 방향을 가리키면, 상대방은 내가 어떤 의도를 전달하기 원하는지에 대해서 어떻게 생각할까를 생각하는 것이다. 그러면 상대방도 내가 그런 생각을 하고 있다는 것을 고려할 수 있다. 그런 식의 추론이 연쇄적으로 계속된다.

생각의 마지막 요소인 자기관찰도 마찬가지다. 협력 커뮤니케이션에는 새로운 방식의 자기관찰이 필요하다. 유인원의 자기관찰에는 없던 사회적 특성이 새롭게 추가된다. 상대방과 의사소통을 하는 동시에 자신을 이해하려는 상대방의 입장에서 자신을 바라보는 것이다(Mead, 1934). 그래서 새로운 방식의 자기관찰이 생겨났는데, 커뮤니케이터가 자신이 의도한 소통 행위가 상대방이 이해하기에 충분했는지 상대방의 관점에서 생각해 보게 되었다. 이것은 초기 인류가 자아상에 관심을 기울였던 것(협업에 관한 논의에서 이미 언급했던 것)과는 전혀 다르다. 다른 사람들이 협력 파트너로서 자신을 어떻게 평가할지 시뮬레이션하는 것인데, 이 경우 평가되는 것은 명료성일 뿐이다. 중요한 것은 두 종류의 자기관찰 모두 양자 간의 '규범'이라는 점이다. 행위자는 상대방이 어떻게 평가할 것이냐는 관점에서 자신의 행동을 평가한다. 레빈슨S. C. Levinson(Levinson, 1995, p. 411)은 다음과 같이 말했다. 이 과정에서 "다른 사람과 행동을 조율할 것을 염두에 두기 시작하면서 생각에 놀라운 변화가 있었다. 우리는 자신의 행동이 명확히 이해되도록 계획해야 했다."[7] 협력 커뮤니케이션에서 명료함을 위해 동원되는 이러한 사회적 자기관찰은 현대 인류의 사회적 규준의 토대가 되었다.

협력적 의사소통에 수반되는 이 새로운 사고 과정은 두 실험에서 잘 드러난다. 커뮤니케이터의 관점에서 연구한 첫 번째 실험은 리츠코프스키(Liszkowski et al., 2009)가 생후 12개월 된 아이들과 수행한 실험이었다. 그는 항상 선반의 동일한 위치에 있는 물건이 반복적으로 필요한 게임을 아이와 했다. 어떤 순간에 아이는 그 물건 중 하나가 필요했는데 주위에 없었다. 물건 하나를 얻기 위해, 많은 아이들은 실험자에게 빈 선반을 가리켰는데, 실험자와 아이 둘 다 그 물건을 항상 그곳에서 찾을 수 있다는 점을 알고 있었다. 이러한 의사소통 행위를 하기 위해 아이는 실험자의 이해 과정을 시뮬레이션해야 했는데, 손가락으로 선반을 가리키면 어떠한 귀추법 추론을 할 것인지에 대해 생각해 보는 것이었다. 이것이 단순한 연관이 아니라는 점은 침팬지를 보면 알 수 있는데, 침팬지는 연관 학습을 완벽하게 해낼 수 있지만 동일한 상황에서 사람의 주의를 끌기 위해 빈 선반을 가리키

---

**7**  달리 말하면, 다른 사람을 향해 물건을 내던지는 것(많은 유인원들이 하는 것)과 받을 수 있도록 던지는 것은 매우 다르다(Darwall, 2006). 인간의 협력적 커뮤니케이션을 유인원과 비교하여 비유하자면 이렇다는 것이다.

려는 시도는 하지 않았다(같은 실험의 다른 맥락에서 가리키기는 했다). 아이들은 실험자가 자신의 의도를 어떻게 추론할지 시뮬레이션했다.

의사소통에서 '강조markedness'라는 현상을 생각해 보면 이러한 과정을 좀 더 잘 이해할 수 있다. 커뮤니케이터는 특정한 부분에서 평소와 다르게(예컨대 억양을 달리 한다든지) 강세를 주어 상대방이 평범한 추론에서 벗어나 다르게 생각하도록 한다. 예를 들어, 리벌(Liebal et al., 2011)은 한 어른과 생후 2년 된 아이가 장난감을 큰 바구니에 넣어 정리하는 실험을 진행했다. 실험자가 마루에 있는 중간 크기 바구니를 가리키면, 아이는 그것 역시 큰 바구니에 넣어 정리해야 한다는 것으로 받아들인다. 그런데 어느 순간 실험자가 눈을 깜박이며 계속 박스를 손가락으로 가리켰다. 실험자는 분명히 평소와는 다른 의도를 가진 것이다. 이때 많은 아이들은 실험자를 어리둥절하게 쳐다본다. 하지만 곧 박스를 열어 그 안에 뭐가 있는지 살펴본다(그리고 박스를 정리한다). 이 행동에 대한 가장 직접적인 해석은 아이들이 평상시의 커뮤니케이션을 어떻게 이해하고 있는지 실험자가 예상하고 있음을 아이들이 이해하고 있다는 것이다. 실험자는 평소와는 다른 의도를 전달하려고 했고, 그래서 그는 손가락 지시에 강세를 주어 아이들이 다른 해석을 찾아보도록 유도했다. 이런 과정은 실험자의 생각을 추론하는 아이들, 또 그 아이들의 생각을 추론하는 실험자, 또 그 실험자의 생각을 추론하는 아이들이 있기 때문에 가능한 것이다.

인간의 협력 커뮤니케이션에 수반되는 생각은 관점적이고 재귀적이라는 점에서 진화적으로 새로운 것이다. 개개인은 최소한 그들의 협력 파트너가 그들의 생각에 대해 어떻게 생각(시뮬레이션, 상상, 추론)하는지에 대해 생각(시뮬레이션, 상상, 추론)해야 한다. 유인원은 이러한 추론을 한다는 증거가 없다. 유인원은 가장 단순한 협력적 손가락 지시조차 재귀적으로 이해하지 못한다(재귀적이지 않은 추론은 할 수 있다). 예컨대 사물 선택 실험에서 유인원이 재귀적인 추론을 하지 못한다는 증거를 관찰할 수 있다. 협력 커뮤니케이션에서 인간의 생각은 새로운 종류의 사회적 자기관찰을 포함한다. 커뮤니케이터가 상대방의 지향에 대한 자신의 지향에 대해 상대방이 취하게 될 관점을 상상하는 것이다. 그렇게 함으로써 상대방이 자신의 의도를 어떻게 이해할지에 대해서도 상상한다. 인간 의사소통의 진화 이야기에서 우리가 이 시점에 가정하고 있는 것은, 새롭고 관련 있는 상황을 다른 사람에게 가리키며 자신과 상대방의 의도를 조정하고자 하는 개인들이다. 이를 위해 그들은 일정한 수준의 공통 기반을 가지고 있어야 했으며, 더 나아가 서로의 관점과 의도에 대해 사회적 재귀 추론을 할 수 있어야 했다.

## 팬터마임의 기호화

상징 제스처과 팬터마임은 손가락 지시 다음으로 '자연적인' 의사소통 방식이었다. 상징 제스처는 현장에 있지 않은 사물이나 행동, 상황들을 상상하도록 돕기 위한 것이다. 상징 제스처는 몸짓이라는 점에서 '자연적'이다. 상대방은 제스처가 가리키는 실제 행동이나 사물을 상상하고 의도를 파악하기 위해 적절한 추론을 수행한다. 근처에 뱀이 있을 때 손으로 뱀이 미끄러지며 나아가는 모습을 표현하고, 호숫가에 사슴이 있을 때 손으로 사슴뿔을 묘사하거나 소리를 흉내 내고, 친구가 호수에 있을 때 수영하는 폼을 흉내 내는 것이 상징 제스처다. 의사소통하는 당사자들이 적절한 공통 기반을 공유하고 있다면 상징 제스처는 눈에 보이지 않는 상황을 효과적으로 전달할 수 있다.

인간 외에는 어떤 영장류도 상징적인 몸짓이나 목소리를 사용하지 않는다. 대형 유인원은 손을 활용해 인간처럼 먹거나 마시는 마임을 쉽게 할 수 있지만, 그렇게 하지 않는다.[8] 사실 대형 유인원은 상징 기호를 이해하지도 못한다. 사물 선택 실험을 변형한 실험에서 실험자는 실제 보상이 숨겨진 물건을 본떠 만든 모형을 보여주었다. 생후 2년 된 아기들은 모형과 비슷한 물건에서 음식을 찾아야 한다는 것을 이해했지만, 침팬지와 오랑우탄은 이해하지 못했다(Tomasello et al., 1997; Herrmann et al., 2006). 유인원에게 보상을 제시하면서 상징적인 제스처를 유도한 실험도 성공하지 못했다(현재 내가 진행 중인 실험이다). 유인원은 작동법을 알고 있는 장치로부터 먹이를 꺼내는 방법을 사람에게 제스처로 보여주지 못했다. 유인원이 상징 제스처를 이해하지 못하는 이유는 아마도 '당신을 위한(협력적인)' 커뮤니케이션이라는 명시

---

**8**　어떤 연구자들은 일부 대형 유인원의 지향–행동intention-movements이 사실상 상징적으로 기능한다고 주장한다. 예를 들면, 고릴라는 성행위를 하거나 놀이를 할 때 의식을 행하듯이 다른 고릴라를 한 방향으로 밀어낸다(Tanner and Byrne, 1996). 그러나 이러한 것들은 실제로 상대방을 원하는 방향으로 움직이려는 시도에서 비롯되었기 때문에, 마치 상징적인 것으로 보이는 흔해 빠진 의례적 행위에 가깝다. 즉 그러한 행위들은 유인원 자신들을 위한 상징으로 기능하지 않는다.

적인 신호를 이해하지 못하기 때문인 것 같다. 유인원이 누군가 돌을 내리쳐 땅콩을 깨는 장면을 본다면 그 행동을 완벽하게 이해하지만, 돌이나 땅콩이 없는 상태에서 내리치는 모션만을 보면 그 의미를 이해하지 못해 당혹스러워한다. 상징 제스처를 이해하려면 평범한 맥락에서 벗어난 의도적 행위를 판단할 수 있어야 하고, 그러한 추론을 돕기 위해 커뮤니케이터는 눈을 맞춘다든지 하는 명시적인 신호를 주어 강조한다. 가장pretense에 관한 앨런 레슬리Alan Leslie(Leslie, 1987)의 비유를 살짝 바꿔 인용하면, '커뮤니케이션 전용'으로 행해지는 기이한 행동은 평범한 해석으로부터 '격리'되어야 한다.

또 상징 제스처를 활용하려면 실제 행동이나 사물을 몸짓으로 '연기'할 수 있어야 한다. 아마도 연기는 모방하는 능력에서 비롯되었을 것으로 보이는데, 모방 능력은 다른 유인원에 비해 인간이 특히 뛰어나다(Tennie et al., 2009). 어쨌든 초기 인류는 실제가 아닌 '모방(시뮬레이션)'만으로도 현장에 존재하지 않는 관련된 모든 상황을 떠올리게 할 수 있음을 알게 되었다. 이러한 연상 작용은 자신이 경험한 것을 자식을 가르칠 때 활용할 수 있다는 점에서 사회적으로 중요한 잠재력이 있다. 게르게이 치브러G. Csibra와 죄르지 게르게이(Csibra and Gergely, 2009)는 이를 '자연적인 교육법natural pedagogy'이라 부르며 협력 커뮤니케이션과 밀접한 관련이 있는 것으로 보았다. 자연적인 교육법의 가장 기초적인 형태는 시범을 보이는 것이다. 어떤 것을 직접 해 보이거나 팬터마임으로 설명하는 것이다. 커뮤니케이션과 마찬가지로 이 행위는 상대 학습자를 위한 것이다. 상징 제스처를 이용한 의사소통은 무언가를 가리키는 지시적$_{ostensive}$ 커뮤니케이션을 이해하고 행위를 모방할 수 있어야 한다.

상징 제스처가 사물이나 행위를 비교적 충실히 표현하기는 하지만, 손가락 지시와 마찬가지로 상당한 추론을 거쳐야 의도를 파악할 수 있다. 그러한 간극을 메우기 위해서는 공통 기반, 협력이라는 상호 전제, 관련성이 필요하다. 만약 당신이 동굴 입구에서 뱀의 움직임을 흉내 낸다고 하자. 동굴에 종종 뱀이 나타난다는 사실을 모르는 사람은 당신이 왜 손으로 파도를 치고 있는지 의아할 것이다. 얼마 전 공항의 보안 검색대를 통과하던 어린아이를 관찰한 적이 있다. 공항 직원이 아이에게 아무 말 없이 손으로 원을 크게 그리는 제스처를 했는데, 아이는 뒤로 돌아보라는 의미를 알아차리지 못하고 공항 직원과 똑같이 손으로 원을 그렸다. 아이는 공항 직원의 손이 자신의 몸을 상징한다는 것을 알지 못했다. 직원과 아이는 공항 검색 절차에 대해 공통 기반을 갖지 못한 것이다.

손가락 지시의 제스처는 하나밖에 없지만,[9] 상징 제스처의 가능성은 거의 '무한대'에 가깝다. 상징 제스처는 지시하려는 것과 거의 일대일 대응이 가능하다(가리키려는 것의 일부 특징만을 제스처로 상징함에도 불구하고). 이것이 의미하는 바는 상징 제스처가 (관습화되지 않았다 하더라도) 의미론적 내용을 갖는다는 것이다. 이론적으로는 적절한 공통 기반이 전제

---

**9** 현대의 일부 문화권에는 여러 형태의 손가락 지시가 있기도 하다(예를 들어, 특정한 세부 항목들을 동시에 지시하기 위해 검지와 새끼손가락을 동시에 사용할 수 있다). 그러나 어쨌든 누구나 어릴 때부터 활용해 온 검지 제스처에서 파생되었을 것이다.

된다면 손가락 지시로도 종이의 모양, 크기, 재료 각각을 가리킬 수 있지만 손가락 자체가 그러한 내용을 '담고 있는' 것은 아니다(비트겐슈타인의 분석(Wittgenstein, 1955) 참고). 그러나 상징 제스처는 종이의 모양, 크기, 재료 또는 종이에 무엇을 쓰거나 버리는 것까지 각각 다르게 표현할 수 있다. 그러므로 상징 제스처의 새롭고 중요한 특징은 손가락 지시에서 암시적으로 담겨 있던 사물과 상황의 다른 관점들을 의미론적 내용을 갖는 상징 수단으로 명시적으로 표현할 수 있게 되었다는 것이다.

이와 관련하여, 자연어에서 가장 큰 비중을 차지하는 커뮤니케이션 관습은 범주어다. 즉, 보통명사와 대부분의 동사는 **개** 또는 **물다**와 같이 범주화를 위해 관습이 되었는데, 이것은 특정 개와 무는 사건을 가리키기 위해서는 문법 교육이 필요하다는 것을 의미한다(예컨대 명사에서는 the 또는 my dog, the dog who lives next door와 같은 수식어가 필요하고 동사의 경우에는 is biting이나 bit처럼 시제와 상aspect을 붙여 주어야 한다). 상징 제스처는 상대방에게 '이와 같은' 뭔가를 상상하게 하기 때문에 이미 범주 표현에 해당한다.(상징 제스처로 인물을 표현하는 것도 가능한데, 이를테면 어떤 사람의 습관을 흉내 내는 것이다. 그래서 이러한 표현 방식으로 보통명사와 고유명사를 구분하는 것이 이론적으로 가능하다.) 범주적 차원은 관점과 관련된다. 누군가를 '빌'이나 '스미스'로 부르는 것은 범주 용어가 아니기 때문에 관점이 필요하지 않지만, '아버지'나 '남자' 또는 '경찰'이라 부르는 것은 관점에 따라 달라진다. 다른 상황에서 다른 목적으로 의사소통한다면 다르게 불릴 것이기 때문이다.

따라서 상징 제스처는 기호적이고 의미론적 내용을 가지며 범주적이라는 점에서 관습언어로 가기 위한 중요한 단계다. 어린아이들의 상징 제스처 활용이 이를 뒷받침한다. 어린아이들은 보통 이른 시기에 상징 제스처를 활용하기 시작하며, 두 살이 되어 말을 배우기 시작하면 상징 제스처를 사용하는 빈도가 줄고, 같은 시기에 손가락 지시의 빈도가 증가한다. 손가락 지시가 언어에 비해 경쟁력이 있는 것은 아니지만 다른 기능을 수행함으로써 언어를 보완하기 때문이라는 설명이 가능하다. 의미론적 내용을 지닌 상징 수단으로서 상징 제스처는 관습언어를 능가하는데, 다만 즉흥성이 떨어진다는 약점이 있다. 이와 유사하게 진화 과정을 상상해 보면, 상징 제스처에서 비롯된 한 형식이 의사소통 관습의 스토리가 되고, 손가락 지시는 사라지지 않고 지속되었을 것이다. 그렇게 해서 개체발생과 진화 과정에서 실제로 일어나지 않은 상황을 연기하는 능력은 다른 기능으로, 예컨대 '가장'이나 픽션 같은 형태로 다시 모습을 드러낼 수 있었다(BOX2 참고).

따라서 상징 제스처는 의사소통과 생각의 진화에서 중간 단계를 대표하는 수단이며, 공통 기반에 근거하여 관점에 따라 정보를 전달하는 손가락 지시에서 관습언어로 넘어가는 다리 역할을 한다. 이 중간 단계는 의미론적 내용이 범주화된 상징 표현의 형식을 포함한다. 그럼에도 불구하고 상징 제스처는 거의 항상 관점이 불분명하다는 문제를 내포하고 있다. 내가 만약 창을 던지는 마임을 하면, 나인지 상대방인지 또는 다른 누군가인지 창을 던지는 주체가 분명하지 않다. 물론 상대방에게 요청하거나, 자신의 욕구를 표현하거나, 친구의 행위를 알리거나 문맥에 따라 달리 해석될 것이다. 그러나 어떤 상황에서는, 예를 들어 아침에 있었던 사냥을 얘기하고자 할 때는 누가 창을 던지는 것인지 분명하지 않을 수 있다. 이러한 모호성을 해결하는 유일한 방법은 지시적이거나 상징적인 다른 의사소통을 덧붙이는 것이다. 그리고 이것은 다수의 제스처를 조합하는 방식으로 관습언어 이전에 가장 복잡한 자연적인 제스처 커뮤니케이션으로 발전한다.

**BOX2**        **팬터마임, 공간에서 상상하기**

상징 제스처와 팬터마임은 인간의 인지능력에 두 가지 중요한 영향을 주었다. 첫째는 상상과 가장의 밀접한 관계에서 유래한다. 상징 제스처는 손가락 지시보다 훨씬 멀리 있는 것들을 가리킬 수 있고, 의사소통이 이루어지는 즉시 내용이 전달된다. 언덕 너머의 사슴을 알리기 위해서나, 동굴의 뱀을 경고하기 위해서나, 사냥 에피소드를 전하기 위해서나 제스처를 활용하면 현장에 없는 인물이나 오래전의 일 또는 미래의 일을 연기해야 한다.

상징 제스처 이전에도 상상하는 능력은 있었으며, 나는 상징 제스처가 그러한 상상력에 기반하여 한 단계 뛰어넘는 기술로 발전한 것이라고 생각한다. 침팬지도 물웅덩이 속을 상상할 수 있지만, 인간은 상상에 그치지 않고 연기를 통해 다른 사람에게 전달할 수 있다. 커뮤니케이터는 상대방이 가진 정보와 흥미를 고려하여 이야기를 편집하고 이해할 수 있도록 만들 것이다. 따라서 인류는 다른 사람을 위해 장면을 연기할 수 있는 역사상 유례없이 강력한 상상력을 갖게 되었고, 이것은 공동 상상이라 보아도 좋겠다. 사실 우리는 이런 행동을 아주 어린 아이들에게서 매일 본다. 아이들은 막대기를 로켓처럼 다루거나 자기가 수퍼맨인 양 엄마나 친구들과 가장 놀이를 한다. 쓸모없어 보이는 아이들의 가장 놀이는 진지한 의사소통 수단인 팬터마임에서 진화한 것이다. 현대 인류에 와서는 의사소통을 위한 팬터마임이 관습언어로 대체되었는데, 아이들은 언어를 배운 뒤에도 가장 놀이를 즐기는 습성을 쉽게 버리지 못한다. 그래서 그들은 아무런 목적 없이 가장 놀이를 하고 다른 사람들과 새로운 이야기를 지어낸다. 아이들의 가장 놀이는 외양과 실제를 구분하고(Perner, 1991), 사실과 다른 생각을 하는 원천이 된다고 여겨진다(Harris, 1991).

상징 제스처의 출현은 인류의 진화 역사에서 놀라운 일이다. 인류는 상징 제스처를 발전시켜 가상의 시나리오를 연기할 수 있게 되었으며, 이러한 능력은 '무형'의 제도와 기관을 세우는 데 근간이 되었다. 존 설John Searle(Searle, 1995)은 대통령이나 남편, 화폐를 의미하는 종이 쪼가리 같은 것들을 '지위 기능status functions'이라 불렀는데, 특정 인물을 대통령으로 여기는 것은 아이들이 막대기에 유니콘의 생명력을 불어넣거나 특별한 힘을 부여하는 가장 놀이와 매우 유사하다. 그러므로 지위 기능의 계통발생적이고 개체발생적인 뿌리가 가장 놀이에 있다고 생각할 수 있다(Rakoczy and Tomasello, 2007). 생각이 상상의 한 형태에서 비롯되었다면, 인간 특유의 생각의 진화와 발달에서 다른 사람을 위한 상상력의 의미는 아무리 강조해도 지나치지 않다(Donald, 1991).

상징 제스처와 팬터마임이 인간의 인지능력에 미친 두 번째 영향은 훨씬 더 추측에 근거한다. 인간의 인지를 연구하는 거의 모든 연구자들은 공간적 개념의 중요성을 인식하고 있다. 여기에는 의심할 여지 없는 근거가 많이 있으며, 특히 1차 인지능력과 공간은 밀접한 관련이 있다. 예를 들어, 일화기억episodic memory은 공간을 지각하는 기능과 밀접하게 연결되어 있다는 점이 잘 알려져 있다.

최근에 몇몇 이론가들은 인지와 공간의 관계를 깊이 연구했다. 조지 레이코프George Lakoff와 마크 존슨Mark Johnson(Lakoff and Johnson, 1979)의 선도적인 연구를 시작으로 인간이 꽤 자주 추상적인 상황이나 사물을 구체적인 공간적 관계로 비유하거나 유추한다는 것을 알게 되었다. 예를 들어 사랑에 빠진다거나, 성공으로 가는 길목에 있다거나, 마음이 떠났다거나 하는 표현들을 많이 사용한다. 이런 것들은 단지 표면적인 비유가 아니라 복잡하고 추상적인 상황을 개념화하는 기본적인 방법이다. 그리고 존슨(Johnson, 1987)은 후속 연구에서 인간의 생각에 스며든 것으로 보이는 일부 이미지 도식들을 찾아냈다. 예를 들어 포함 관계(강의 내용 안이나 밖에서), 부분과 전체(우리 관계의 기초), 연결(연결되어 있다), 장애물(짧은 가방끈이 사회적 성공에 장애물이 된다), 경로(결혼으로 가는 길목에 있다)와 같은 것들이다.

심지어 언어 문법에서도 '공간 문법'이라는 것이 따로 생길 정도로 많은 학자들이 공간의 중요성을 인지해 왔다. 구문론에 관한 초기 연구들은 공간적 관계를 일컫는 단어에서 유래한 사례들을 강조했다. 레너드 타미Leonard Talmy(Talmy, 2003)는 인간의 상상 능력이 공간 구성 요소들을 통해 문법을 구조화하는 데 활용되었다는 가설을 세웠다. 타미의 핵심 스키마 중 하나는 행위자가 다른 주체에 영향을 주는 역동적인 스키마이며(예컨대 투자자의 걱정이 주식시장을 망친다), 다른 하나는 경로를 따라 움직이는 여러 종류의 상상이다. 타미는 많은 복잡한 관계들이 공간적으로 표현되었다고 주장하기도 했다. 심지어 기호로 표현된 관습언어는 대용어 참조anaphoric reference에서부터 격문법case role에 이르기까지 모든 종류의 문법적 관계들을 표현하기 위해 공간을 사용한다(Liddel, 2003). 인간의 초기 관습언어가 나의 가설과 같이 제스처에서 나온 것이라면 흥미로운 이야기가 아닐 수 없다.

　개체발생 측면에서 보면, 진 M. 만들러Jean M. Mandler(Mandler, 2012)는 아이들의 초기 언어가 움직이는 동작, 경로, 장애물, 봉쇄 등과 같이 주로 공간적인 이미지 도식들의 조합으로 만들어진 것이라고 주장했다. 공간적인 이미지 스키마들은 언어 학습 초기의 아이들이 누군가의 행위를 얘기할 때(댄 슬로빈Dan Slobin(Slobin, 1985)의 조작적인 행동 장면)와 물체의 이동을 얘기할 때(슬로빈(Slobin, 1985)의 물체가 경로를 따라 움직이는 전경-배경 장면) 개념적 기초를 제공한다. 이는 아이들이 처음 말을 배울 때 사용하는 것들이고, 기초적인 공간적 관계는 이후에도 중요한 역할을 한다.

　따라서 인간의 인지에서 공간의 중요성에 관한 여러 근거에 덧붙여서, 인류 진화 초기에 가상의 공간에서 가상의 인물들을 대상으로 가상의 행위를 연기하여 타인에게 전달하려고 했던 것을 가장 중요한 근거로 추정할 수 있다. 관습화되지 않은 제스처는 많은 것을 묘사하는 유일한 방법으로서 가상의 공간을 염두에 둔다. 그래서 우리가 인간 생각이 의사소통과 밀접한 관련이 있다고 믿는다면(생각이 타인을 위해 사물을 개념화하는 방법이라면), 인류 역사의 어느 한 시점에 팬터마임이 공간적인 행위로 이루어졌다는 사실이 인간의 인지능력과 공간의 각별한 관계를 설명할 수 있을 것이다.

## 제스처 조합

대형 유인원은 제스처를 연속해서 사용하거나 음성과 조합하지 않지만(Liebal et al., 2004; Tomasello, 2008), 인간은 언어와 문자에 전혀 노출되지 않은 아주 어린 시기에도 제스처와 목소리를 조합하여 새로운 의미를 만들어 낸다(Goldin-Meadow, 2003).

손가락 지시는 연속으로 사용하지 못할 이유가 없지만 일반적으로 관찰되는 현상은 아니다. 말을 배우기 시작한 아이들은 말을 하면서 손가락 지시를 조합하기도 하고, 글자를 배우는 아이들은 손가락 상징 기호나 관습 기호를 손가락 지시와 함께 사용한다(문자를 전혀 접하지 않은 아이들도 마찬가지다. Goldin-Meadow, 2003). 무언가를 먹는 모습을 팬터마임으로 연기하면서 손가락으로 과일을 가리키는 행위는 진화적인 맥락에서 쉽게 상상할 수 있다(이것은 어린아이들이 '단어를 나열하는 것'이나 피진어의 '분절된' 표현과 유사하다). 그러나 그다음 단계에서는 피아제가 '정신적 결합기'mental combination(Piaget, 1952)로 설명한 것처럼, 몇 개의 연속된 생각과 의도가 통합되어 하나의 억양으로 표현된다. 기초적인 범주화를 활용하여 먹는 행위를 상징하는 제스처와 먹을 것을 나타내는 표현을 연결하여 맥락을 만들 수 있다. 인간의 생각이 지닌 창조성은 이러한 명시적 도식으로 향상된다.

한 가지 강조할 것은, 아이들의 언어와 유사하게 초기 인류의 의사소통에서도 무언가를 참조하는 여러 방식이 가능하며 그것들이 동일한 기능을 가진다는 점이다. 예를 들어, 동굴에 뱀이 있다는 것을 알리기 위해 동굴로 다가가면서 뱀의 움직임을 표현할 수도 있지만 (동굴로 다가가지 않은 채로) 뱀의 움직임을 표현하고 동굴을 손가락으로 가리키는 제스처를 조합할 수도 있다. 두 가지 방식의 의사소통은 동일한 의도를 가지며 동일한 기능을 수행한다. 상징과 지시를 조합하는 것은 새로운 의도를 생성하는 것이라기보다는 대개 하나의 의도를 분해하는 것인 경우가 많다. 하나의 제스처는 상황이 포함한 여러 요소들 중 단지 하나의 측면을 가리키고 있는 경우가 일반적이다. 그러므로 동굴로 다가서면서 뱀의 움직임을 흉내 낼 때 뱀의 움직임은 동굴에 뱀이 있다는 의미이지만, 동굴을 손가락으로 가리키거나 동굴을 상징적으로 표현하면서 뱀의 움직임을 흉내 낼 때 뱀의 움직임은 뱀 그 자체를 의미할 뿐이다. 전체 상황에서 상징이나 지시로 표현되지 않은 나머지 부분은 다른 수단으로 표현되며, 전체 상황을 세부 요소들로 분해하면 의사소통은 계층적인 구조를 갖게 된다.

제스처를 조합할 수 있게 된 초기 인류는 주어와 술어 형태의 완전한 문장을 구사할 수 있는 가능성을 열었다.[10] 여기에는 미숙한 형태로 존재했던 두 가지 요소가 관여하는데, 첫 번째 요소는 사건과 행위자를 구분하는 능력이다. 인간과 비슷한 의사소통을 학습한 유인원도 기호를 조합할 때 사건과 행위자를 구분한다(Tomasello, 2008에서 사례를 참고하라). 두 번째 요소는 공유된(주어진) 정보와 새로운 정보를 구분하는 능력이다. 앞에서 언급했듯이 손가락 지시에서도 새로운 정보를 구분하는 능력에 기반하여 이미 공유하고 있는 정보에 대해서는 특별히 가리키지 않았다. 그러나 이것들은 모두 암시적이다. 제스처 조합에서는 흔히 하나 이상의 기호가 공통 기반에 접속하기 위해 사용된다. 관점 또는 '주제'로서 하나의 기호를 사용하고 새롭고 흥미로운 정보를 또 다른 기호로 전달하는 것이 전형적인 방식이다. 의사소통 당사자들이 공유하는 정보를 확실하게 해두기 위해 눈앞에 보이는 참조 대상을 먼저 가리키고, 그다음에 상징 기호를 제시하여 새롭고 가치 있는 정보를 전하는 경우가 많다.

앞에서 언급한 여러 가설들을 종합하면 큰 그림은 이렇다. 초기 인류는 영장류 사촌들보다 훨씬 다양하고 강력한 의사소통을 하기 위해 손가락 지시와 상징 제스처를 활용했는데, 필요에 따라 조합해서 사용하기도 했다. 이 새로운 의사소통은 처음에는 협력 활동의 일환으로 사용되었지만, 나중에는 개념적 공통 기반을 바탕으로 상대방의 역할과 관점에서 상호작용할 수 있는 기회를 제공했다. 자연적 제

---

**10** 우리는 지금까지 협력적 커뮤니케이션에 사용되는 사실적인 '명제적 내용'만을 다루고 있다. 명제라는 것은 관습언어를 이어 붙인 형식으로 의사소통하는 행위를 의미한다.

스처를 활용한 초기 인류의 협력 커뮤니케이션은 공동 협력 활동의 중층적 구조의 두 가지 개념 모두를 요구했다. 하나는 공유된 측면으로서의 공동 목적과 공동 관심, 다른 하나는 개인적 측면에서의 개인 역할과 관점이다. 그리고 이것들은 언어가 필요 없다. 의사소통 상대가 달라지면 다른 방식으로 개념화하거나 관점화하는데, 공통 기반과 관련성, 새로운 정보에 따라 달라진다. 그리고 정보를 받는 사람은 사회적 재귀 추론을 통해 커뮤니케이터의 의도를 이해한다. 이러한 것들은 언어를 사용한 결과가 아니라 오히려 언어를 위한 전제 조건이라 볼 수 있다.

## 양자 간 생각

우리는 현대 인류의 객관적-성찰적-규범적인 생각이 어떻게 생겨났는지 문화와 언어의 맥락에서 탐구하는 여정에 있으며, 이제 중간쯤 지나온 것 같다. 초기 인류는 단지 경쟁을 통해 식량과 짝을 얻으려고 하지 않았다. 경쟁은 대형 유인원의 전략이다. 초기 인류는 새롭게 진화한 협력 활동과 협력 커뮤니케이션으로 다른 사람들의 행동과 지향적 상태를 조정한다. 그들은 개인의 목적만이 아니라 공동 목적을 위해서도 행동한다. 그리고 공동 지향성은 초기 인류가 세계를 상상하는 방식을 바꿔 놓았다.

## 관점이 있는 상징 표상

대형 유인원은 반복적으로 발생하는 중요한 상황들을 인지적 모델로 도식화한다. 그리고 초기 인류는 협력을 시작하면서 개인의 역할과 공동 목적이라는 중층적 구조의 협력 개념을 갖추었다. 초기 인류는 자신의 역할과 공동 목적을 고려하여 파트너가 관심 있어 할 만한 상황을 상징으로 표현하기 시작했다. 이를 위해 그들은 새로운 유형의 제스처(손가락 지시와 팬터마임)를 만들어 냈으며, 그에 따라 세 가지 새로운 특징을 갖는 인지 표상이 생겨났다.

**관점.** 인간은 관점을 바꿔 사물을 개념화하는 것이 매우 자연스러워서 그것을 거의 불가피한 것으로 생각한다. 인지 과정이 원래 그렇게 작동하는 것처럼 말이다. 동일한 자동차도 **차, 교통수단, 기념일 선물**과 같이 필요에 따라 다른 개념을 갖는다. 그러나 동일한 사물을 다른 관점에서 표현한다는 것은, 다른 관점이 있다는 사실을 인지하지 못하는 생명체에게는 불가능한 일이다. 대형 유인원은 때때로 동일한 사물에 다른 도식적 표상을 적용하기도 한다. 동일한 나무가 어떤 때에는 탈출 경로이기도 하고 어떤 때에는 잠자는 공간이 되기도 한다. 그러나 이렇게 다른 각각의 개념은 대형 유인원이 당면한 문제와 긴밀히 연관되어 있다. 대형 유인원이 나무의 여러 측면을 알고 있다 하더라도 동시에 다른 관점에서 바라보지는 않는다. 그러므로 대형 유인원의 관점은 우리가 지금 이야기하려는 것과는 다르다. (유인원이 사물이나 상황을 상상하여 문제를 해결하는 경우에도 마찬가지다. 당면한 문제를 풀기 위한 목적으로만 활용하기 때문이다.)

이와는 달리 초기 인류가 타인과 의사소통을 하기 시작했을 때, 그들은 상황이나 사물을 상대방의 관점에서 바라볼 수 있게 되었다(상대방과 관점을 교환한다). 사실 초기 인류는 자신의 목적과 가치, 공통 기반, 사전 지식과 기대에 따라 상대방이 관심을 가질 만한 의사소통 행위를 만들어야 했다. 그들은 자신의 의사소통 행위를 상대방이 이해할 수 있도록 해야 했기 때문에, 여러 관점을 동시에 고려해야 했으며 그 중 하나를 보여주기 위해 하나의 커뮤니케이션 행위를 선택해야 했다. 예를 들어, 위험을 경고하기 위해 동굴로 다가서면서 뱀 또는 뱀에게 다리를 물린 자국, (동굴에 대한 공통 기반을 바탕으로 뱀을 의미한 것인지 상대방이 알 수 있을 만한) 일반적인 위험 신호 중 하나를 팬터마임으로 표현했을 것이다.

인지적 표상에 관해서라면, 커뮤니케이터가 자신의 관점을 고정하지 않는다는 것이 핵심이다. 그들은 오히려 능동적이고 지적인 상대방을 상상하며 다른 관점들을 고려한다. 커뮤니케이터의 의도를 파악하기 위해 귀추법 추론을 해야 하는 상대방은 커뮤니케이터의 관점에서 의도를 시뮬레이션해 보아야 한다. 이러한 관점의 교환을 통해서 초기 인류는 다른 영장류처럼 스스로 직접 세계를 경험하는 데 그치지 않고, 하나의 동일한 세계를 다른 사회적 관점으로부터 동시에 경험해 왔다. 이러한 관점 교환은 주관으로부터 객관을 분리할 수 있는 가능성을 만들어 내기 시작했다.

**상징.** 인간은 타인의 행위뿐 아니라 자신의 과거 행위도 모방하고 시뮬레이션할 줄 안다. 인간에게 상징 제스처나 팬터마임은 간단한 것처럼 느껴지지만 상징 제스처는 결코 일상적인 것이 아니다. 상징 제스처는 영장류 중에서(거의 틀림없이 모든 동물종에서도) 처음으로 상대방이 상상할 수 있도록 사물을 표현한 행위이기 때문이다. 상대방도 (손가락 지시와 같이) 상징 제스처가 커뮤니케이션을 위한 것이라는 점을 파악하고, 물리적인 수단으로서의 행위로부터 상징 제스처를 '격리'할 수 있어야 했다.

참조 대상을 묘사하는 의사소통 행위는 대상과의 상징적 관계를 만들어 내고 상대방이 의도를 추론하게끔 한다. 예를 들어 원숭이가 나무를 타는 모습을 흉내 낸 팬터마임은 원숭이, 나무 타기, 나무 타는 원숭이를 상징하여 원숭이 사냥을 하러 간다는 메시지를 추론하도록 한다. 상징 제스처는 상황을 관점화한다는 점에서 손가락 지시와 같다. 그러나 상징 수단 그 자체로 분명하게 표현된다는 점에서는 손가락 지시와 다르다. 예를 들어, 상징 제스처는 동일한 원숭이를 가리키면서도 '원숭이'와 '음식'으로 다르게 표현할 수 있지만, 손가락 지시는 어느 경우에서나 한 가지 행위만이 가능하여 협력 활동에서의 공통 기반에 근거하여 의미를 전달할 수밖에 없다. 상징 제스처의 또 다른 중요한 특징은 본질적으로 범주적이라는 점이다. 그래서 상징 제스처는 사물, 사건, 상황을 '이와 같은 것'으로 개념화하거나 관점화하는 데 사용될 수 있다. 상대방에게 어떤 팬터마임으로 표현할지 선택할 때, 커뮤니케이터는 모든 가능한 범주적 관점이 아니라 특정한 관점을 선택해 상황을 해석한다.

**유사명제.** 제스처를 조합할 때는 상황을 사건과 행위자로 분해하여
제스처 각각의 의미를 제한한다. 원숭이 팬터마임이 창을 가리키는
손가락 지시와 결합될 때는 원숭이 팬터마임이 사냥이 아니라 원숭
이 자체를 상징하는 것으로 한정된다. 공통 기반(주제) 내에서 이미 공
유된 배경지식과 새로운 정보(초점)에 대한 커뮤니케이션을 조합할 때,
이러한 분해는 의사소통 행위에서 초기 단계의 주어-술어 구조를
만들어 내며 완전한 명제의 중간 단계가 된다. 〔흥미롭게도 사람의 손에 길러
져서 사람처럼 의사소통하는 대형 유인원은 사건과 행위자는 구분하지만 주제와 초점은 구
분하지 못하고(대형 유인원은 관심이나 주제에 대한 초점을 공유한다는 개념을 갖지 못하기
때문이다), 그래서 대형 유인원은 조합된 커뮤니케이션 행위에서 주어-술어 구조를 만들지
못한다(Tomasello, 2008).〕 두 가지 별개의 동기(요청과 정보 전달)로 생겨난 새
로운 협력 커뮤니케이션은 어조와 내용을 구분하는 초기 단계에 들
어섰다.

초기 인류의 협동과 협력 커뮤니케이션의 출현으로 유형-사례 형
식으로 경험을 표상하던 대형 유인원의 인지능력이 '협력화'되었다.
공동 목적과 공통 개념을 전제로 상호작용하는 개인들은 동일한 사
건, 사물, 상황을 동시에 여러 관점에서 개념화할 수 있게 되었다. 범
주적 상징 제스처와 주제와 초점으로 구성되는 제스처 조합을 활용
하여 여러 관점에 의한 개념을 표현할 수 있었고, 어조-내용을 구별
하는 약간의 표시를 더해 초기 형태의 명제를 만들었다. 이러한 과정

은 개인의 경험을 효과적으로 해체(협동화)하는 것으로 보인다. 이렇게 개인적 경험이라는 캡슐이 깨지면서 우리는 '객관성'이라는 개념에 다가서게 되었다.

## 사 회 적   재 귀   추 론

사회적 재귀 추론도 인간에게는 너무나 자연스러운 것이다. 우리는 상대방이 나를 어떻게 생각하는지에 대해 궁금해한다. 반면에 대형 유인원은 물리적 세계와 사회적 세계에서 인과를 추론하고 시뮬레이션하지만 다른 유인원이 자신을 어떻게 생각하는지에 대해서는 추론하지 않는다. 이러한 재귀 추론은 초기 인류가 공동 목적을 위해 협력하면서 행동과 관심을 조정하기 위해 생겨났으며, 초기 인류가 협력 커뮤니케이션에서 자신의 지향적 상태와 관점을 타인과 조율하려는 시도를 하면서 절정에 이르렀다.

초기 인류는 공동 협력 활동을 위해 어떤 커뮤니케이션 행위가 가장 좋을지 진정성과 효과 측면에서 생각(시뮬레이션)하기 시작했다. 상대방이 거짓말을 하지 않는지 "잘 따져 보려고 할 때"(Sperber et al., 2010) 진정성을 담보할 방법이 필요했다. 의사소통 효율을 위해서는 쌍방 모두 상대방의 관점을 예상하고 상대방이 자신의 마음을 어떻게 생각하고 있는지 사회적 재귀 추론을 해야 했다. 일단 한번 도식화된 제스처를 조합함으로써 실재하지 않는 것이나 사실이 아닌 것들도 추론할 수 있게 되었다. 초기 인류의 이러한 추론은 전례 없이 새로운 것이었으며, 두 가지 중요한 특징을 지닌다.

**사회적 재귀 추론.** 초기 인류는 사회적 재귀 추론을 어떻게 시작했을까? 간단하게는 이렇게 답할 수 있다. 초기 인류에게는 상대방과 자신이 공동 목적을 위해 서로 협력하려는 동기를 가지고 있다는 공감대가 있었다는 것이다. 이는 상대방을 돕기 위해 상대방이 자신의 생각에 대해 어떻게 추론할지 시뮬레이션했다는 것을 의미한다. 그리고 손가락 지시와 팬터마임이 매우 약한 소통 수단이었기 때문에 상대방의 의도를 재구성하기 위해서는 어느 정도 비약적인 추론이 필요했으며, 적절한 추론을 위해서는 얼마간의 도움이 필요했다.

그래서 상대방을 위해 정보를 전달하는 의사소통이 개발되었다. 정보를 받은 사람은 상대방이 자신을 위해 양동이에 바나나가 있다는 사실을 **알아주기**를 **의도**한다는 것을 이해했다. 커뮤니케이터는 자신의 의도(상대방이 무언가를 알아주길 원한다는 것을 알리고자 하는 그라이스H. P. Grice의 커뮤니케이션 의도)를 상대방에게 알림으로써 추론을 도울 수 있다는 것을 알았다. 이것은 그라이스의 분석에서처럼 하나의 복합적인 의도가 아니라, 무어R. Moore(Moore, in press)가 주장한 것처럼 두 가지 개별적 의도가 포함된 것이다. 커뮤니케이터는 상대방이 자신을 위한 의사소통이라는 것을 알아차리기를 바라고, 거기에 더해 상대방이 그 양동이에 바나나가 들어 있다는 정보를 알아채기를 원한다. 이미 두 번째 의도에 포함된 내용만 해도 대형 유인원은 하지 못했던 것이며, 새로운 유형의 재귀적 추론을 포함한다(이것은 커뮤니케이터가 쉽게 이해될 만한 커뮤니케이션 행위를 만들어 내기 위해 상대방의 지향적 상태를 시뮬레이션할 때 가능한 것이다).

**조합.** 다른 사람과 소통하기 위해 명시적인 제스처를 활용하고 특히 제스처를 조합하는 커뮤니케이션은 새로운 창발적 생각을 가능케 했다. 대형 유인원은 자연적인 의사소통을 하지만, 제스처나 음성을 조합하여 새로운 정보를 만들어 내지는 않는다. 그래서 유인원의 생각은 과거의 개인적 경험을 변형하여 새로운 상황을 상상하는 것으로 한정된다. 그러나 초기 인류는 제스처 조합으로 의사소통하기 위해 다른 사람의 관점에서 생각하기 시작했으며, 그러한 제스처들을 도식화하여 그들 자신의 경험을 넘어서 다른 사람의 경험과 있을 수 없는 상황까지도 상상할 수 있게 되었다. 예를 들어, 걸어가는 제스처와 함께 장소를 가리킬 때 장소는 일반화될 수 있었다. 이러한 도식으로 하늘을 나는 코끼리처럼 비현실적인 것마저 상상하고 의사소통할 수 있게 되었다. 초기 인류는 추상적인 방식으로 의사소통을 도식화함으로써 거의 무한대의 자유도를 획득했다. 의사소통 행위의 도식화와 커뮤니케이션 의도의 분해는 현대 인류의 관습언어가 '추론'으로 뒤범벅'되는 과정에서 나타난 중요한 특징이다.

외적 커뮤니케이션 수단을 통해 상상력이 깃든 생각, 심지어 사실이 아닌 생각을 창조하는 새로운 가능성을 넘어, 일부 학자들은 그러한 외적 수단이 개인이 자신의 생각을 성찰하는 데 필수적이었음을 강조했다(예를 들어 Bermudez, 2003). 명시적 의사소통 행위를 하고 그것을 자기가 만든 것으로 인지하고 이해할 때는 사실상 자신의 생각을 성찰(명시적 의사소통에 관해 생각할 수 있도록 내면화)하는 것이다. 이러한 측면에서 제스처 조합은 단지 의미론적 내용에 한정되므로(예컨대 논리적인 표현이나 명제적 태도에 관한 표현이 없다), 초기 인류는 그들 자신의 생각을 매우 제한적인 방식으로 성찰할 수밖에 없었다.

초기 인류의 협업과 협력 커뮤니케이션이 생겨나면서, 대형 유인원의 인과 추론은 그들의 인지 표상에서처럼 '협력화'되었다. 의사소통 당사자들은 서로 상대방의 관점에서 추론하고 시뮬레이션하게 되었다. 도식화된 상징 조합은 다양한 새로운 사실들, 심지어는 사실이 아닌 생각을 할 수 있는 가능성을 열어 주었을 뿐 아니라 자신의 생각을 성찰하도록 만들었다. 새로운 추론 가능성과 함께, 우리는 이제 진정한 성찰에 의한 사고를 하기에 이르렀다.

## 양자 간 자기관찰

대형 유인원들은 기억이나 의사 결정 또는 자신의 행동을 관찰한다. 그러나 대형 유인원은 규범적인 동물이 아니다. 유인원은 '도구적 압력instrumental pressure'을 경험한다. 예를 들어 유인원이 배고픔을 해결하겠다는 목표가 있고 X라는 장소에 먹이가 있다는 것을 알고 있다면, 장소 X에 '가야 한다'는 것을 의미한다. 그러나 이것은 개인 지향성이 작동하는 제어 시스템일 뿐이다. 행동의 동기를 불러일으킨 현재 상태와 목표 상태의 차이에 의해 작동하는 것이다. 이와 달리 초기 인류는 타인의 관점에서 자신을 관찰하기 시작했다. 실제로 그들은 다른 사람이 자신을 평가하는 기준에 따라 자신의 행동을 스스로 규제한다. 양자 간 규제에 불과했지만 사회적 규제 즉, 사회규범이라 볼 수 있는 것이었다. 여기에는 두 가지 징후가 있었다.

**협력을 위한 자기관찰.** 첫째, 초기 인류의 협력 행위는 상호 의존적이었으므로 가장 힘센 개체마저 (가장 약한 개체를 협력에서 배제하기 위해서라도) 다른 개체들의 영향력을 존중해야 했다. 그래서 초기 인류는 동료의 협력 성향을 평가하는 능력뿐만 아니라 자신에 대한 타인의 평가를 시뮬레이션하고 예측하는 능력도 개발했다. 어린아이들은 미취학 시기부터 타인의 사회적 평가를 신경 쓰며 그들이 다른 사람들에게 주는 인상을 적극적으로 관리하려고 시도하는데(Haun and Tomasello, 2011), 침팬지들은 그런 걱정이 없어 보인다(Engelmann et al., 2012).

자신에 대한 협력 파트너들의 평가에 대한 관심은(자신의 이미지를 관리하려는 적극적인 시도는) 협력 파트너가 될지도 모르는 사람들의 기대를 조정하려는 동기를 제공했다. 그래서 그들은 자신의 협력 기회에 대한 평가를 양자 간 평가에 위탁했다. 이는 초기 인류가 행동을 결정할 때는 도구적 압력뿐 아니라 사회적 계약에 참여한 파트너들이 행사하는 사회적 압력까지 받는다는 것을 의미한다. 이것은 훗날 나타나게 될 도덕적 사회규범의 기원이 된다.

**의사소통을 위한 자기관찰.** 둘째, 초기 인류는 상대방을 돕는다는 목적이 있었으므로, 자신의 의사소통 행위가 어떻게 해석될지 예측하기 위해 적극적인 자기관찰이 필요했다. 그들은 특히 분명한 전달을 위해 의사소통 과정을 상대방의 관점에서 관찰했다.

미드(Mead, 1934)는 여기서 명시성의 핵심 역할에 주목했다. 명시적인 행위(지시나 상징)로 타인과 커뮤니케이션할 때 초기 인류는 자신의 행위를 보고 들으면서 상대방의 관점에서 그것들을 이해하려고 했다. 그래서 커뮤니케이터는 상대방이 최대한 잘 이해하도록 그들의 의사소통 행위를 조정하는 것을 협력 커뮤니케이션의 의무로 여겼다. 그러한 조정을 위해 특정 파트너의 지식과 동기, 공통 기반에 맞춰 자신을 관찰하고 평가했다. 이것은 훗날 나타날 합리적 사회규범의 뿌리가 된다.

따라서 우리가 상상하는 초기 인류는 대형 유인원은 하지 못했던 방식으로 협력과 커뮤니케이션을 위해 자신을 관찰했을 것이다. 대형 유인원은 사회적 자기관찰이 필요한 공동 협력을 하지 않는다. 초기 인류는 협력 성향(도덕규범의 징조)과 의사소통 행위의 명료함에 관해 자신을 평가한 다른 사람들의 판단을 시뮬레이션했다. 중요한 것은, 초기 인류의 평가는 특정 개인에 의해 이루어졌으며, 현대 인류의 특징인 주체 중립의 '객관적' 규범에는 미치지 못했다는 점이다. 그러나 사회규범의 영향을 받는 개인적 생각이 시작되었다.

## 관점: 시점을 옮길 수 있는 능력

영장류들은 복잡한 사회적 인지능력을 가지고 있다는 점에서 다른 포유류와 뚜렷이 구분된다. 영장류의 뇌 용량은 물리적 환경이 아니라 사회 집단의 크기(사회적 복잡도의 척도)와 강한 상관관계가 있다 (Dunbar, 1998). 그러나 영장류의 사회적 인지능력은 주로 먹이와 짝을 두고 벌어지는 집단 내부의 경쟁을 위해(마키아벨리즘) 친목을 위해서만 이 아니라 우월한 지위를 차지하려는 목적으로도 활용되었다.

그렇다면 인간 특유의 인지능력과 생각도 경쟁에서 출발한 것으로 가정할 수 있다. 성공적으로 살아남았다는 것은 어쨌든 다른 개체들보다 자손을 많이 남겼다는 뜻이기 때문에 진화의 동인에서 경쟁을 배제할 수는 없다. 그러나 관점에 의한 인지적 표상, 사회적인 재귀 추론, 사회적인 자기관찰이 경쟁으로부터 일순간에 나타났을 것 같지는 않다. 이론적으로는, 경쟁자의 심리를 파악하기 위해 일종의 군비경쟁을 벌여야 했을 것이다. 경쟁 상황에서는 내게 필요한 자원을 다른 사람도 노리고 있음(공동 관심?)을 알아차려야 하고, 내 의도를 상대방이 어떻게 파악하고 있는지를 잘 생각해서 자원을 획득해야 한다. 그러나 인간 특유의 협력 커뮤니케이션이 오로지 경쟁에 의한 것이라고 확신하기는 어렵다. 다른 영장류와 달리 인간은 상대방이 자신의 생각을 알아차릴 수 있도록 의사소통을 한다. 그래서 인간은 상대방의 목적과 관심이 무엇인지 알기 위해 상대방의 관점에서 생각하며 상대방에게 유용한 정보를 주려고 한다. 또한 자신의 목적과 관심을 상대방에게 전달하여 적절한 정보를 얻기를 원하며, 자신의 의도를 잘 전달하기 위해 상대방의 지식과 경험을 알아내려고 한다. 다른 영장류와 달리 인간은 서로의 관점에서 상황을 이해하고 조정할 수 있도록 협력 커뮤니케이션을 한다.

협력 커뮤니케이션 과정을 보여주는 좋은 예는 200종이 넘는 다른 영장류와 구별되는 인간 특유의 신체 특징과 관련이 있다. 인간

은 유일하게 흰 눈자위를 갖고 있으며 눈동자의 방향이 쉽게 드러난
다(Kobayashi and Koshima, 2001). 그리고 인간만이 시선 정보를 활용한다.
상대방의 머리와 눈이 다른 방향을 보고 있을 때, 생후 12개월 된 아
기는 눈을 따라가지만 대형 유인원은 하나같이 고개 돌린 쪽을 따라
갔다(Tomasello et al., 2007b). 자신이 바라보는 곳을 뚜렷하게 드러내는
신호가 진화하려면 시선을 '광고'하는 것이 자신에게 이득이 되어야
하는데, 이는 시선 정보가 경쟁적으로 부당하게 활용되기보다는 대
체로 타인과 의지하고 협력하는 상황이 있었음을 암시한다. 인간의
의사소통 행위는 자신의 마음을 광고하는 것이다('과일을 갖고 싶다'는 요청
은 내 마음을 '광고'하는 것이며, '저기에 과일이 있다'는 발언은 유용한 정보를 공개하는 것이
다). 기본적으로 협력이 바탕이 되지 않는 상황이었다면 이러한 의사
소통은 진화하기 어려웠을 것이므로, 공동 지향성에 기반한 인간 특
유의 커뮤니케이션을 단순히 경쟁적인 맥락에서 진화했다고 보기는
어렵다.

　다른 영장류와 인간의 마지막 공통 조상의 생각은 의심할 여지 없
이 개인적이었다. 그들의 생각은 집단 구성원과의 경쟁에서 개인적인
목적을 달성하기 위한 수단이었다. 그들은 자신의 목적과 관련된 상
황에 참여했다. 초기 인류는 변화된 생태계에 적응하고자 공동의 목
적을 추구하며 협력하기 시작했다. 그리고 그들은 공동 목적과 연관
된 상황에 함께 참여했으며, 한편으로는 각자의 역할과 관점이 있었
다. 이러한 중층적 구조dual-level structure가 공동 지향성을 지탱하고, 이후
에 나타나는 지향점 공유의 기반이 되었다.

협력 활동이 점점 복잡해지면서 공동 목적에 합의하고 서로 다른 역할을 조율하는 문제가 중요해졌는데, 그 해결책이 협력 커뮤니케이션이었다. 초기 인류는 협력 파트너가 관련 상황에 관심을 갖게 하기 위해 손가락 지시를 사용했고, 상대방의 관점에서 생각하고 상대방의 생각을 시뮬레이션해야 했다(상대방은 미리 정해진 의사소통 행위로 소통하기를 기대했을 것이다). 상대방은 커뮤니케이터가 자신의 마음을 어떻게 읽고 있을지를 생각해야 했다. 바로 사회적 재귀 추론이다. 의도가 잘 전달되었는지에 대한 초기 인류의 우려는 파트너의 평가를 예측하는 사회적 자기관찰로 발전했다.

초기 인류에게 인지적으로 던져진 과제는 협력 파트너의 관점에 따라 자신의 관점을 조정하는 것이었다. 초기 인류는 생필품을 물물 교환 하듯이 서로의 관점을 교환하기 시작했다(어느 정도는 자신의 관점을 되돌아보기도 하면서). 이로써 인류의 인지적 표상과 추론은 유연하고도 강력해졌다. 그리고 초기 인류는 단지 그들 자신의 관점에 머무르지 않고 동시에 다른 사람의 관점으로도(나의 관점에 대한 다른 사람의 관점으로도) 세계를 볼 수 있게 되었다. 초기 인류는 단일 시점으로 세계를 보는 대형 유인원과 달리 다중 시점을 지니게 되었다.

이러한 능력을 처음 갖게 된 초기 인류가 어떤 종이었는지는 정확히 알 수 없다. **호모 하이델베르겐시스**로 추정할 뿐이다. 대략 40만 년 전 느슨하게 무리 지어 협동했던 초기 인류는 현대 인류처럼 객관, 성찰, 규범에 이르지는 못했을 것이다. 그들은 '객관적'이지 않았고, 여전히 '나'와 '너'의 양자 간 관점에 묶여 있었다. 또한 그들의 의사소통 수단이 의도와 생각을 전달하기에 충분치 않았기 때문에 성찰의 수준도 낮았다. 협력 파트너가 자신을 어떻게 평가하고 이해하는지에 한정해서만 사회적 규범을 가졌으며, 집단의 규준을 따르지도 않았다. 따라서 이것은 현대 인류의 집단 지향성이나 객관적-성찰적-규범적 생각과는 여전히 거리가 멀다. 그러나 초기 인류의 공동 지향성과 관점적-재귀적-사회적 자기관찰에 의한 생각은 현대 인류의 생각에 도달하기 위한 '중간' 단계로서 반드시 필요했다. 현대 인류는 문화 관습을 만들었는데, 문화가 협력적인 방향으로 형성된 것은 개개인이 강한 협력 성향을 이미 지니고 있었기 때문이다.

초기 인류의 협동과 협력 커뮤니케이션은 대형 유인원의 생활방식과 생각이 양자 간 '협력화 과정'을 거쳐 나타난 것이다. 그러나 진화적으로 새롭게 생겨난 양자 간 사회적 상호작용은 특정 상황에서 특정 타인과의 공동 계약에 한정하여 이루어졌으며, 협력 활동을 제외하면 별다른 특징을 이어 가지 못했다. 그래서 공동 지향성이라는 큰 도약이 있었는데도 한 번 더 집단 지향성으로 도약해야 했다. 이렇게 '협력화'된 인지와 생각은 관습과 제도가 되고, 규범과 객관성을 획득하여 '집단화'되기에 이른다.

A Natural History of Human Thinking

4장

# 집단 지향성

어느 누구의 관점도 아닌 생각의 탄생

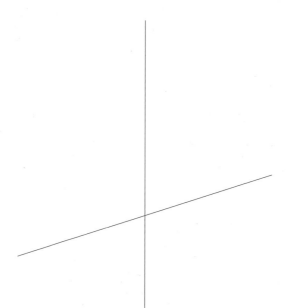

생각은 사회의 기준을 따른다. 누구라도 그렇게 생각할 만한 것과 내 생각을
비교해 보아야 한다. 그것이 합리적 사고의 출발점이다.
**윌프리드 셀러스**, 《인간의 철학과 과학적 이미지(Philosophy and the Scientific Image
of Man)》

현대 인류 문화는 두 차원으로 확장했다. 초기 인류는 식량을 구할
때만 느슨한 조직으로 협력했지만, 현대 인류는 **공시적**synchronic 차원
에서 완전한 문화 조직을 만들어 협력한다. 현대인은 개인과 특정 문
화 단체를 동일시하기도 하고, 다양한 문화 관습, 규범, 제도를 창조
하여 집단적인 존재가 되었다.

한편 **통시적**diachronic 차원에서 기술과 지식은 세대를 넘어 전수된
다. 초기 인류에게도 도구의 사용은 생존과 결부되어 동료들과 기술
과 지식을 공유하는 것이 (일부 유인원 사회에서와 마찬가지로) 중요했을 테지
만, 현대 인류의 문화는 단순한 지식 공유와 전달을 넘어 누적적으
로 진화한다. 초기 인류가 타인의 행동을 보고 도구 사용법을 배웠다

면, 현대 인류는 집단의 행동과 규범에 자발적으로 순응할 뿐 아니라 다른 사람을 가르치고 사회규범을 강요한다.

공시적·통시적 차원의 변화가 어우러지면서 완전히 새로운 문화가 탄생했다. 조정하는 역할을 하고 쉽게 전파되기도 하는 관습화 과정이 변화를 이끌었다. 처음에는 개인 간 협력을 조정하기 위해서였겠지만, 그러한 일이 지속적으로 반복되면서 관행이 되고, 구성원들은 암묵적인 '합의'에 이르게 되었을 것이다. 또한 이러한 관습은 선례가 되어 자신들의 조정 문제를 해결하려는 사람들에게 전파되었다. 이러한 방식이 여러 조정 문제에 적용되어 점차 개인 간 조정 문제들을 집단의 관습, 규범, 제도로 해결할 수 있게 되었으며, 우리는 이것을 **문화적 관행**cultural practices이라 부른다. 의사소통 영역에서는 문화적 공통 기반의 '합의'로서 존재한 언어 관습이 조정 기능을 수행했다.

초기 인류의 생각은 관점이 있는 인지적 표상, 사회적 재귀 추론, 사회적 자기관찰로 이루어졌다. 이를 통해 초기 인류는 세계를 조작하고 특정한 몇몇 사람들과 조직을 이룰 수 있었다. 그러나 집단의식과 언어에 물든 현대 인류는 집단의 어느 누구와도 협력할 준비가 되어 있어야 했다. 현대 인류는 집단의(아무개의) 규범이 기대하는 바를 충족하기 위해 행동을 조정했다. 표상은 (아무개의 관점에서 보아도) '객관적'이었으며, 추론은 누구에게나 설득력을 가질 수 있도록 합리적이고 성찰적이었으며, 규범에 의한 자기규제를 수행했다. 그리고 이러한 현대 인류의 집단적 사고방식은 임시방편으로 맺어진 특정인과의 협력에 그치지 않고, 인간의 사고방식에 지워지지 않는 흔적을 남겼다.

이제 문화적 조직에서의 새로운 협력, 문화적으로 새로운 관습언어 의사소통, 주체 중립적 규범에 의한 생각을 차례로 살펴보자.

## 문화의 출현

고래와 꼬리감는원숭이를 비롯한 몇몇 동물은 사회적 학습으로 기술을 가르치고 배운다. 대형 유인원 중에서도 특히 침팬지와 오랑우탄은 의심할 여지 없이 인간 다음으로 가장 문화적이다. 사회적 학습은 야생의 침팬지와 오랑우탄 집단에서 비교적 많이 관찰된다(Whiten et al., 1999; van Schaik et al., 2003). 실험 상황에서 도구 사용법을 가르치는 등의 사회적 학습이 관찰되는데, 야생에서도 사회적 학습이 이루어지는 것으로 보인다(Whiten, 2010).

그러나 대형 유인원의 문화는 인간의 문화와 다르다. 대형 유인원은 다른 유인원의 행동을 몰래 보고 배운다. 유인원의 학습은 '착취'적이다(Tomasello, 2011). 반면에 현대 인류는 협력적이다. 어른은 아이들을 가르치고, 아이들은 순응한다. 인류 문화의 사회적 학습은 이타적이고 협력적이다. 나는 이러한 현대 인류의 협력 문화 이전에 초기 인류의 중간 단계 협력이 있었을 것이라고 생각한다. 그렇다면 중간 단계의 사회적 학습에서 진정한 문화적 학습으로 어떻게 이행했을까? 교육은 타인에게 도움이 되는 것을 알려주는 협력 커뮤니케이션에서 기본 구조를 차용한 것이고, 순응은 집단의 규범적 기대에 부응하려는 욕구를 모방한 것이다. 현대 인류 사회는 유인원 사회로부터 불쑥 나타난 것이 아니라 초기 인류의 협력을 바탕으로 진화했다.

## 집단 정체성

먹이를 구할 때마다 즉석에서 이루어졌던 초기 인류의 소규모 협력은 안정적인 진화 전략이었다. 그러나 시간이 흐르면서 두 가지 인구학적 문제가 발생하여 전략을 수정해야 했다는 것이 나의 가설이다 (Tomasello et al., 2012).

첫 번째 문제는 집단 간 경쟁이었다. 침략자로부터 자신의 삶을 보호하기 위해서는 느슨한 협력 조직보다는 제대로 된 사회집단을 이루어야 했다. 생존이라는 공동 목적(식량 확보와 침략에 대한 방어)과 분업 체계를 갖춘 협력 집단이 필요했다. 이는 집단 구성원들이 서로 도우려는 동기가 있었다는 것을 의미한다. 집단 구성원들은 상호 의존적이었기 때문에 서로 도울 동기가 있었다. '그들'의 침략에 대비하기 위해 '우리'가 힘을 모아야 했다. 그래서 개인은 하나의 문화를 공유하는 특정 사회집단의 일원으로서 자신의 정체성을 이해하기 시작했다. 집단 전체를 포괄하는 '우리'의 지향성에 기반한 문화적 토대가 마련된 것이다.

두 번째 문제는 인구 증가였다. 인구 규모가 커지면서 여러 부족이 하나의 상위 집단으로 묶이고 단일 '문화'를 공유하는 부족들이 생겼다. 이것은 문화집단의 구성원들이 서로를 식별하는 문제가 중요해졌다는 것을 의미한다. 나도 상대방을 알아볼 수 있어야 하지만, 상대방도 나를 알아볼 수 있어야 했다. 집단 구성원이어야만 가치를 공유하고 협력할 수 있었기 때문이다. 현대 인류 사회에서 집단 정체성은 다양한 방식으로 드러나지만, 초기에는 행동으로 표시할 수밖에 없었을 것이다. 같은 방식으로 말하고 요리하고 물고기를 잡는 사람들, 즉 문화적 관행을 공유하는 사람들이 같은 문화집단에 속할 가능성이 높았다.

초기 인류의 모방 기술은 현대 인류의 적극적인 순응으로 발전했다. 현대 인류는 집단에 순응함으로써 집단 구성원들과 효과적으로 행동을 조정할 수 있었고, 집단 정체성을 확인할 수 있었다. 그렇게 해서 집단 동료들에게 자신이 유능하고 신뢰할 만한 협력자라는 것을 알리려고 했다. 다른 사람을 가르치는 것, 특히 아이들 교육은 집단에서 역할을 수행하는 것을 돕는 데 효과적이었으며, 그 과정에서 구성원들은 집단에 좀 더 순응하게 되었다. 교육과 순응은 톱니효과 ratchet effect를 특징으로 하는 문화의 누적적인 진화를 가져왔다(Tomasello et al., 1993; Tennie et al., 2009; Dean et al., 2012). 뚜렷한 기술 혁신이 없다면 문화적 관행은 교육과 순응을 통해 꽤 안정적으로 지속된다. 대형 유인원의 사회적 학습은 기본적으로 착취의 형태를 띠고 있으며, 교육과 순응에 의한 협력적 구조가 아니기 때문에 톱니효과에 의한 누적적인 문화 진화로 이어지지 않았다(Tomasello, 2011).

따라서 현대 인류의 집단 정체성은 집단 내부의 낯선 사람들이나 조상과 자손에 이르기까지 공간과 시간을 넘어 확장되었으며, 이것이 바로 인류가 문화를 구축한 방식이다. 어른은 가르치고 아이들은 배우면서 문화적 관행이 세대를 넘어 전수되었고, (과거, 현재, 미래의) 집단 모두가 누적적으로 문화를 만들어 갔다(반면에 초기 인류는 오직 당대의 소규모 협력에만 전념했다). 따라서 느슨한 조직에서의 협력자들보다 많은 수의 사람들이 그들 자신의 '역사'와 정체성을 지닌 문화를 갖게 되었다. 정확히 언제 이러한 일들이 일어났는지는 중요하지 않지만, 인간 특유의 문화를 나타내는 명백한 징후는 약 20만 년 전부터 시작된 **호모 사피엔스 사피엔스** 즉 현대 인류에게서 처음 나타났다.

인간은 자신이 속한 집단을 상호 의존적인 개인들로 구성된 (자신의 집단과 동일시하는) '우리'로 여긴다는 것이 정신과학적으로 잘 알려져 있다. 인간은 근본적으로 내집단과 외집단을 구별하는 심리가 있다. 아마도 인간 종 고유의 특성일 것이다. 인간이 집단에 속한 사람들을 좋아하고 집단 내에서의 평판에 더 신경 쓴다는 사실이 많은 연구로 밝혀졌다(Engelmann et al., in press). 게다가 인간은 외집단 성원을 단지 낯선 사람으로 생각하지 않고, 유인원이나 초기 인류가 그랬듯이 이질적으로 대하거나 종종 경멸하는 태도를 취한다. 또한 집단 정체성에서 가장 눈에 띄는 현상은 아마도 집단적 죄책감, 수치심, 자부심일 텐데, 집단 안의 누군가가 눈에 띄는 행동을 하면 마치 자기가 그런 행동을 한 것처럼 죄책감과 수치심, 자부심을 느낀다(Bennett and Sani, 2008). 현대사회의 집단 정체성과 집단적 죄책감, 수치심, 자부심은 민족 정체성, 언어 정체성, 집단적 책무를 위해 맞서 싸우거나 심지어 스포츠 팀의 팬덤 현상에서조차 꽤 분명하게 드러난다. 우리가 아는 한, 대형 유인원과 초기 인류는 이런 정체성을 전혀 지니고 있지 못했다.

인구가 많아지고 사람들 사이에 경쟁이 심해지면서 (아는 사람과 모르는 사람, 현재와 과거의 동료를 모두 포함한) 집단 구성원들을 상호 의존적인 잠재적 협력자로 여기기 시작했다. 집단 구성원들은 특정 문화 관행에 따라 손쉽게 식별되었고, 생활방식에 대한 교육과 순응이 중요한 부분이 되었다. 새로운 집단적 사고방식에 의해 문화적 관행, 규범 및 제도와 같은 것으로 구체화된 인간 생활의 집단화가 이루어졌으며, 이는 또 한 번 인간이 생각하는 방식을 바꾸었다.

## 관습적인 문화적 관행

집단 정체성은 집단마다 고유한 관습적인 문화적 관행을 가지고 있다는 것을 의미한다. 관습적인 문화적 관행은 '우리'의 행동들, '우리'의 행동에 대해 문화적 공통 기반으로 다 같이 알고 있는 것들, 문화적 공통 기반에 의해 행동할 것으로 기대한 것들을 모두 포함한다. 물물교환이 이루어지는 시장에서 표준 도량형으로 통용되지 않는 용기에 담긴 꿀을 선뜻 사려는 사람은 없을 것이다. 문화적 관행을 벗어났다고 해서 그 자체로 처벌받지는 않지만, 이방인 취급을 받을 수는 있다. 특히 피할 수 없는 관행은 의복이다. 어떤 옷을 입을지에 대한 선택이 집단 구성원으로서의 정체성을 드러낸다.

직접 경험해 보지 않아도 집단 구성원 모두가 알고 있는 것들을 **문화적** 공통 기반cultural common ground이라 한다(Clark, 1996). 문화적 공통 기반은 초기 인류의 협력 기반이었던 양자 간 공통 기반과는 다르다.

대관식이나 결혼식 같은 공적 행사는 모든 사람이 공유하는 문화적 공통 기반이며, 누구도 모른다고 잡아뗄 수 없는 것이고, 집단 고유의 관습을 모두에게 확실히 알리기 위한 것이다(Chwe, 2003). 흥미롭게도 두 살 정도의 아이들도 문화적 관행을 따른다. 리별(Liebal et al., 2013)의 실험에서 산타클로스 인형과 자기가 직접 만든 인형을 가지고 노는 두세 살배기 아이들에게 낯선 실험자가 방에 들어와서 "저게 누구니?"라고 물으면, 아이들은 자신이 만든 인형의 이름을 알려주었다. 아이들은 집단 구성원이라면 산타클로스의 이름을 물어볼 필요가 없을 거라고 생각했던 것이다(낯선 어른이 장난감 인형을 알고 있는 것처럼 행동한 다른 조건의 실험에서 아이들은 산타클로스 이름을 알려주었다). 이 연령대의 어린이들은 집난 안의 낯선 사람이 어떤 사물의 관습적인 이름은 알지만 동일한 사물에 대한 새롭고 임의적인 사실은 모를 것이라고 기대한다 (Diesendruck et al., 2010).

　일부 문화적 관행은 명시적 합의의 산물이다. 그러나 그것은 문화적 관행이 어떻게 시작되었는지는 설명하지 못한다. 사회적 관습의 기원에 대한 사회계약 이론은 합의를 위한 고급 커뮤니케이션 기술을 비롯해 설명이 필요한 많은 것들을 전제로 삼는다. 그래서 루이스(Lewis, 1969)는 다른 이론을 제안했다. 이를테면, 매일 몇 시에 단체 낚시를 갈 것인지와 같은 조정 문제에서 시작한다. 첫날 우연히 정오에 물고기를 잡으러 출발했다고 하자(단지 그 일을 하기에 충분한 사람들이 모였기 때문이다). 고급 커뮤니케이션 기술이 없다고 가정하면, 다음 날에는 단체로 물고기를 잡으러 가기 위해 어떻게 해야 했을까? 셸링(Schelling,

1960)과 루이스(Lewis, 1969)에 따르면, '선례'를 따르는 것이 가장 자연스럽다. 전날과 같이(이전의 방식대로) 정오에 다시 모이는 것이다. 그러한 행동이 점점 익숙해져서 관행이 되고, 새롭게 참여하는 사람들은 관행을 따라야 했다.

그러나 의사소통이 가능해지면서부터 우리는 타인에게 문화적 관행을 가르치고 순응하도록 독려한다. 집단 지향성을 이해하기 위해 중요한 것은, 아이들이 문화적 관행을 배울 때 현재의 일화적인 사건이 아니라 일반적인 사건으로 받아들인다는 점이다(즉 '물고기는 정오에 잡으러 나간다'와 같이 이해한다). 따라서 어른들은 아이에게 물고기가 물 속 저기쯤에 있다는 것을 가르치지 않고도 의사소통할 수 있다. 그러나 교육할 때는 아이들이 더 일반적인 낚시 기술을 얻을 수 있도록 '이런 물고기들은 여기서 잡을 수 있어'라는 식으로 가르친다(Csibra and Gergely, 2009). 협력 커뮤니케이션의 교수법은 일반적인 원리가 적용되는 객관적 실체가 있으며, 현재 상황은 객관적 실체의 한 사례에 불과하다는 것을 암시하는 것이다. 이러한 교육은 문화집단에 의해 만들어진 집단적이고 객관적인 관점에 의해 뒷받침된다.

따라서 현대사회의 아이들은 사물이 그렇게밖에 작동할 수 없는 특정한 방식이 있다고 배운다. '마땅히 그래야 한다'는 식의 교육은 사례로 배우는 사실들을 객관화하고 구체화하여 객관적인 사실(세상에 존재하는 여러 다른 관점들 중에서 최종 심판관이 될 포괄적인 관점)로 받아들이게끔 한다. 이러한 과정은 인간의 생각에 많은 영향을 주었는데, 가장 중요한 것은 거짓 믿음이다(대형 유인원은 거짓 믿음을 갖지 못한다. Tomasello and Moll, in

**139**
4장 집단 지향성

prcss). 초기 인류가 어떻게 타인이 자신과 다른 관점을 가지고 있음을 이해하게 되었는지를 설명하는 데이비드슨의 사회적 관점 교환social triangulation 같은 개념을 앞에서 살펴보았다. 그러나 거짓 믿음을 포함한 믿음을 이해하기 위해서는 특정 관점과 독립적인 객관적 실체에 대한 일반적인 믿음 개념을 가져야 한다. 객관적이고 일반적인 믿음은 어떤 믿음이 나의 믿음과 다르다는 것에 그치지 않고 그것이 잘못되었다고 판단하기 위해서 필요하다. 객관적 실체가 최종 결정권자이기 때문이다. 유아기를 벗어날 즈음의 어린아이는 두 가지 관점으로 공동 관심에 참여하면서 사물에 대해 여러 다른 관점에서 생각하기 시작했을 것이다(Onishi and Baillargeon, 2005; Buttelmann et al., 2009). 초기 인류도 같은 과정을 거쳤을 것으로 가정할 수 있다. 그러나 아이들은 몇 년이 지나도록 잘못된 믿음을 포함하여 믿음에 대한 충분한 이해에 도달하지 못한다. 아이들은(그리고 아마도 현대 인류 이전의 모든 인류는) 아직 '객관적 사실'을 이해하지 못하기 때문이다.[1]

## 사회적 규범과 규범적 자기관찰

소규모 협력을 했던 초기 인류는 적극적으로 파트너를 선택하고 나머지 사람들과는 협력하지 않았으며 때로는 파트너에게 상이나 벌을 주기도 했는데, 이러한 일들은 모두 개인이 개인을 평가하는 양자 간

---

[1]  아이들은 관점에 따라 다르게 기술할 수 있는 객관적 실체가 존재한다는 것을 이해하는 데 어려움을 겪는다. 예를 들어, 한 마리의 강아지가 개이기도 하고, 동물이기도 하며, 애완동물이기도 하지만 객관적 실체는 존재한다.

의 일이었다. 현대 인류 사회에서 이러한 평가들은 관습이 되고 주체와 무관하게 적용된다. 또한 개인이 개인을 평가하는 것이 아니라 모두가 모두를 평가하는 방식이 되었으며, 객관적이고 공적인 기준을 따른다. 대형 유인원은 자신에게 해를 입힌 행위에 대해서는 복수하지만, 제3자에게 피해를 준 행위는 처벌하지 않는다(Riedl et al., 2012). 그러나 세 살배기 아이들은 자신이 관련된 상황이 아니라 하더라도 타인에게 사회적 규범을 강요했으며, **그래야 한다** 또는 **그러지 말아야 한다**와 같은 규범적 언어를 사용했다(Rakoczy et al., 2008; Schmidt and Tomasello, 2012).

사회적 규범은 집단의 문화적 공통 기반을 공유한 사람들이 특정한 방식으로 행동하리라고 서로 기대하는 것이다. 상호 기대는 단지 통계에 근거한 것이 아니라 '너의 역할을 해낼 것으로 기대하고 있어(못해 내기만 해봐!)'와 같은 사회적인 규범이다. 집단에 순응하지 않는 사람은 종종 혼란을 일으키므로 특정한 행동이 강요된다. 어떤 사람의 행동이 기대를 너무 벗어나면 집단 구성원으로 보지 않고(또는 집단 구성원이 되길 원하지 않는다고 판단하고) 신뢰하지 않겠다는 것이다. 집단의식이 깃든 사회에서는 집단에 순응하지 않는 사람이 대개 집단생활에 해가 될 여지가 있다고 생각한다. 결과적으로 인간은 (성공적으로 조정하기 위한) 도구적인 이유로, (집단의 맹비난을 피하기 위한) 조심성 때문에, (공동체의 입장에서) 집단이 잘 돌아가게끔 사회적 규범에 순응하게 되었다.

사회적 규범은 관습처럼 주체 중립적이고, 개인 초월적이고, 일반적이다. 첫째, 그리고 가장 기본적으로, 사회적 규범은 개인의 행동을 평가하고 판단하는 객관적인 기준이 된다는 점에서 일반적이다. 초기 인류는 사회적 평가를 통해 단지 누가 무능력하고 비협조적이었는지 알 뿐이었지만, 현대 사회는 역할마다 주체 중립적 기준이 마련되어 있다. 이 객관적 기준은 모든 사람이 예상되는 혜택을 누리기 위해 특정 문화적 관행에서 어떤 기능들이 수행되어야 하는지에 대한 이해에서 온다. 꿀을 수집할 때 연기를 피워 벌을 쫓아내는 특별한 방식을 문화적 공통 기반으로 가지고 있는 집단은, 그렇게 하지 않을 경우에 꿀을 수집하지 못할 것이며 그 행동은 직무 수행에 관한 객관적 기준에 의해 평가된다.

사회적 규범은 또한 그 원천을 따져 볼 때 일반적이다. 사회적 규범은 개인의 선호와 평가에서 나오는 것이 아니라 집단의 합의된 평가에서 나온다. 따라서 개인이 사회적 규범을 강요한다면, 집단이 그를 뒷받침할 것을 알기 때문에 집단 전체의 특사로서 그렇게 하는 것이다. 집단의식이 깃든 개인은 그런 까닭에 사회규범을 강요한다. 사회규범은 자신뿐만 아니라 다른 사람들도 따라야 하며, 그것이 상호 의존적인 구성원 모두를 위한 것이기 때문이다(Gilbert, 1983). 사회적 규범을 강요하는 사람들은 다음과 같은 전형적인 수사를 내세운다. "누구든지 그렇게는 할 수 없고 이렇게 해야만 한다." 이것은 교수법에서 보이는 일반성과 매우 유사하다.(실제로 규범 시행과 교육은 동일한 현상의 다른 버전이다. 집단의 사고방식과 행동방식을 개인이 받아들이는 것이다.) 규범 시행의 전제는 규범이 집단의 관점과 평가이며, 신성이나 우주적 관점과도 같은 정도의 일반성을 부여받은 것이어서 자신들의 세계에서 옳고 그름을 판별하는 기준으로 여겨져야 한다는 것이다.

마지막으로, 사회규범은 대상을 가리지 않는다는 점에서 일반적이다. 집단 규범은 이론적으로 집단의 생활방식을 따르고 문화적 공통기반과 사회규범을 받아들이는 구성원 모두에게 적용된다(다른 사회집단 구성원, 아이들, 지적장애를 가진 사람들은 사회규범으로부터 면제된다(Schmidt et al., 2012)). 규범 시행의 주체 중립성으로 인해 사람들은 자기 자신에게도 규범을 적용하여 죄책감과 수치심을 느낀다. 따라서 다른 사람의 꿀을 먹으면 도둑질에 대한 규범의 힘으로 죄의식을 느끼게 될 것이다(아마도 피해자에 대한 동정심에서 비롯한 죄의식일 것이다). 또한 나의 불법행위가 공개되면, 비록 그것이 잘못됐다는 생각을 하지 않더라도 집단 규범의 관점에서 수치심을 느낄 것이다. 그러므로 죄책감과 수치심은 나의 행동이 개인적인 감정(나는 꿀을 원했다)이 아니라 집단의 감정에 의해 평가된다는 사실을 특히 명확하게 보여준다. 특히 집단의 생각에 동의하지 않는 상황에서도 수치심은 집단의 특사로서 나 자신을 제재한다. 죄책감과 수치심은 다른 사람을 해치거나 다른 사람들의 기대에 따르지 않았기 때문에 좋지 않은 감정을 불러일으키는 양자 간 상호작용에서 비롯했지만, 완전한 형태의 죄책감과 수치심은 자신이 집단의 규범을 어겼다는 것을 알고 있을 때 느끼게 된다. 단지 다른 사람의 기분이나 품위를 상하게 했기 때문이 아니며, 내가 속한 집단이 인정하지 않는 행위를 했다는 것이 더 중요하다.

우리는 그것을 잘 알기 때문에, 집단의 기대에 부응하기 위해 규범에 따라 자신을 관찰하고 규제한다. 이러한 규범적 자기관찰을 통해 지키고자 하는 것은 집단 내 협력자로서의 공적인 평판이다(Boehm, 2012). 현대 인류의 협력이 문화적 집단 차원에서 이루어지면서 나의 행동이 집단 전체에 알려질 수 있기 때문이다(언어는 가십을 퍼뜨린다). 이것은 평가에 대한 초기 인류의 관심이 현대 인류로 와서는 공적 평판과 사회적 지위에 대한 관심으로 이동한다는 것을 의미한다. 그리고 평판은 여러 사회적 평가를 단순히 합산한 것 이상이다. 나의 공적 페르소나는 집단에 의해 만들어지는 문화적 산물이며, 이것은 바로 존 설이 지위 기능이라 했던 것이다(다음 글에서 살펴보자).

## 제도적 실체

한계는 있지만, 문화적 관행은 제도가 된다. 문화적 관행은 개인적인 활동이 아니라 잘 정의된 역할에 따라 수행되는 협력 활동이다. 관행과 제도를 둘로 쪼개듯이 나눌 수는 없지만, 문화적 제도는 기존의 활동을 규제하는 것이 아니라 새로운 문화적 실체를 창출하는 사회규범이다(규범은 규제하기보다는 구성한다). 인간 집단은 예컨대 다음 이동 경로나 잠재적인 포식자에 대한 방어책을 준비하는 방법 등을 자기들끼리 논의하여 결정하려고 한다. 그러나 결정이 어렵거나 동료들 사이에 내분이 있다면 일종의 위원회를 만들어 제도화할 수 있다. 이러한 위원회를 구성하면 평범한 개인에게 특별한 지위와 권력을 줄 것이다. 위원회는 누군가를 집단 밖으로 추방하는 것과 같은 비정상적인 권한을 가진 위원장을 임명할 수 있다. 위원회와 위원장은 문화적 산물이며, 집단 구성원들에 의해 자격과 의무가 주어진다. 이론적으로 구성원들은 그 지위를 빼앗고 위원회와 위원장을 일반 성원으로 되돌릴 수 있다.

설(Searle, 1995)은 이러한 일들이 어떻게 진행되는지 명확히 설명했다. 첫째, 누군가를 위원장으로 지명하기 위해서는 집단 구성원들이 합의하거나 공동으로 수용해야 한다. 둘째, 설의 잘 알려진 공식 '상황 C에서 X는 Y로 간주된다'(의사 결정 상황에서 X는 위원장으로 간주된다)를 제정하기 위해 상징적인 권력이 있어야 한다. 이를 위해 새로운 공적 지위를 표시하는 데 도움이 되는 물리적 상징(왕위를 상징하는 옥새나 지도자의 머리 장식)을 만든다. 어느 누구도 명백한 상징 표식을 앞에 두고 모르는 척 잡아뗄 수 없다는 것을 모두가 알고 있다는 점에서 제도는 공적인 것이다. 이것은 새로운 기관과 공무원이 암묵적이 아니라 명시적이고 공개적으로 새로운 의무와 권리를 부여받는 이유 중 하나다. 누군가 위원장으로 공식적으로 취임한 직후 머리 장식을 쓰면 누구도 그의 지위를 모르는 체할 수 없다. 공식적으로 작성된 규칙 및 법률과 마찬가지로 권력의 공적인 성격은 본질적으로 사람들이 그것을 어겼을 때 무지를 주장하며 용서받기를 기대할 수 없다는 것을 의미한다.

하네스 라코치Hannes Rakoczy와 토마셀로(Rakoczy and Tomasello, 2007)는 문화적 제도를 이해하기 위한 간단한 모델이 게임 규칙이라고 주장한다. 물론 어떤 사람이 좋아하는 방식으로 체스판 어디든 말 모양의 나뭇조각을 놓을 수 있다. 그러나 합의된 규칙에 따라 승부가 결정되는 체스 게임을 하려고 한다면, 말처럼 생긴 나뭇조각이 '기사knight'

이며 특정한 방식으로만 이동할 수 있다는 사실을 받아들여야 한다. 체스판의 말들은 규칙에 의해 상태가 주어지며, 체스를 두는 사람들의 명시적인 합의에 의해서만 놓여진다. 따라서 나는 이러한 문화적 지위 기능이 예컨대 막대기를 뱀이라 부르는 아이들의 가장 놀이에서 비롯되었다고 주장한다. 이를 통해 그들은 새로운 지위를 창출하는 근본적인 행동에 참여하고 있다. 이러한 임명은 사회적인 것이며, 상대방과의 공적 계약이다(Wyman et al., 2009). 우리가 주장한 것처럼 가장 능력이 초기 인류가 다른 사람과의 의사소통을 위해 팬터마임으로 실체를 가장한 것에서 진화한 것이라 할지라도, 규범적인 차원은 집단적인 특성을 가진 현대 인류 문화에서만 나타난다.

가장 중요한 것은 현대 인류 사회에 사회적이거나 제도저인 사실이 있다는 점이다. 이는 버락 오바마가 미국의 대통령이며, 주머니에 있는 종잇조각은 20유로 지폐이며, 체스 게임에서 체크메이트를 하면 승리하는 것과 같은 객관적인 사실이다. 그러나 이것들은 객관적인 동시에 관찰자에 따라 상대적이다. 즉 사회집단의 구성원들이 창조한 것이며, 그래서 쉽게 해체할 수도 있는 것이다(Searle, 1995). 버락 오바마는 대통령이지만 우리가 그렇게 말할 수 있는 기간에 한해서다. 유로화는 법적인 화폐이지만 우리가 그렇게 행동할 때만 가능한 것이며, 체스 규칙은 언제든지 변경될 수 있다. 사회적 사실들이 절대적으로 특별한 점은 그것들이 객관적인 실체이기도 하지만 동시에 객관화와 구체화 과정에 의해 사회적으로 창조되었다는 점이다. 실제로 다섯 살배기 어린아이에게 아무런 지시 없이 물건을 쥐어주면 매우 신속하게 그것을 가지고 놀 자신만의 규칙을 만들고 다른 친구들에게까지 '이것을 먼저 해야 돼', '이것은 이렇게 작동하는 거야' 등의 규칙을 적용한다(Goeckeritz, unpublished manuscript). 어른들의 교육과 규범 시행에서처럼 '해야 한다'는 식의 메시지는 객관적인 실체, 특정 개인의 관점이나 희망과는 무관한 객관적인 세계로 인도한다.

## 요약: 집단의식과 객관성

초기 인류의 사회적 상호작용은 전적으로 두 사람 사이의 일이었다. 소속 확인으로 시작되는 현대 인류의 사회적 상호작용은 집단 지향성 계층을 추가했다. 특정 문화집단의 개인들은 문화적 공통 기반을 공유하는 모든 구성원이 특정 사실을 알고 있고 있을 거라고 믿는다. 어떤 것에 대해 집단적으로 수용되는 관점이 있고(예컨대 숲속의 동물들을 어떻게 분류할 것인지, 위원회를 어떻게 구성할 것인지), 그룹의 일원이 되려면 어떤 특정한 역할을 수행해야 한다는 집단의 기준이 있다. 집단의 관점과 평가를 개인은 받아들인다. 실제로 개인은 자신이 평가 대상일 때에도 집단의 관점과 평가에 참여한다.

결정적으로 이 새로운 집단의식에 관여된 일반성은 단순한 도식이 아니다. 개별 관점을 일반화하거나 많은 관점을 합산한 것이 아니다. 많은 관점이 '가능한 모든 관점'으로 일반화되었다. 이는 본질적으로 '객관적'인 관점을 의미한다. 이러한 '가능한 모든', '객관적인' 관점은 사회규범과 제도적 장치들에 객관성을 부여하기 위한 규범적 입장과 결합된다. 규범 시행과 교육에서 의사소통의 일반성은 '우리$_{we}$'가 '우리us'에게 할 일을 기대하고 규제하는 집단의식과 사회규범에서 유래한다.

따라서 공동성과 개인성을 동시에 가진 초기 인류의 중층적 인지 모델은 현대 인류에 의해서 객관성과 개인성을 가진 집단적 인지 모델로 확장되었다. 인간의 집단의식은 인식과 행동에서 엄청난 변화를 가져왔다. 모든 것은 주체와 무관하게 구성원 모두에게 적용되도록 일반화되며, 이는 집단적인 관점을 가져오고 '객관성'에 대한 개념으로 이어진다. 이렇게 인간의 공동 지향성은 '집단화'되었다.


## 관습 커뮤니케이션의 출현

현대 인류는 사회적 활동을 집단적 문화 관습, 규범 및 제도로 일반화한 것처럼 자연적인 몸짓을 집단적인 언어로 관습화했다. 초기 인류의 자연적인 몸짓은 많은 공동 활동을 조정하는 데에서 중요한 역할을 했다. 그러나 (문화집단에서 자란 모든 사람이 알지만 다른 집단에게는 알려지지 않은) 관습화된 몸짓과 음성으로 문화집단의 모든 구성원과, 심지어 전에 만난 적이 없는 구성원들과도 훨씬 더 유연하게 의사소통하고 사회적 조정을 할 수 있게 되었다.

얼핏 생각하면 언어가 사회적 조정에서 생각의 역할을 빼앗는다고 생각할 수 있다. '의미'를 언어로 인코딩하고, 다시 디코딩하는 과정은 모르스 부호가 작동하는 방식과 유사하다. 그러나 언어적 의사소통이 실제로 이렇게 작동하는 것은 아니다(Sperber and Wilson, 1996). 예를 들어, 매일 대화에서 사용되는 단어 가운데 대다수는 그 지시물을 암호책으로 결정할 수 있는 것이 아니다. 오히려 비언어적인 개념적 공통 기반에 의해 결정되는 대명사(그·그녀·그것), 문맥 의존 지시어(여기·지금), 고유명사(존·메리)가 많이 있다. 더구나 우리의 일상적인 대화는 관련이 없어 보이는 문장들로 이어진다. 예를 들어, "오늘 밤 영화 보러 갈래?"라고 물었을 때 "아침에 시험이 있어"라는 대답이 돌아온다. 영화 보러 갈 수 없다는 뜻을 해석하기 위해서는, 시험을 보기 위해 공부를 해야 하고 공부와 영화 감상을 동시에 할 수 없다는 공통 기반을 공유하고 있어야 한다.

언어적 의사소통에서 가장 기본적인 사고 과정은 3장에서 설명한 손가락 지시 및 팬터마임과 동일하다. 정보성 언어 커뮤니케이션에서 나는 상대방이 무언가를 알기를 의도하고, 그래서 상대방이 나의 의도를 이해하기를 바라며(화자의 의도), 상대방의 관심이나 상상을 어떤 상황(지시 행동)으로 돌린다. 그러면 상대방은 (개인적이고 문화적인) 공통 기반에 근거하여, 나의 의도가 무엇인지를 추론한다. 내가 만약 당신 사무실에 찾아가서 "라이프치히 시 당국은 올여름 두 달 동안 테니스 캠프를 운영하고 있습니다"라고 말하면 당신은 이 말이 의미하는 바를 완벽하게 이해하면서도 내가 왜 이것을 알려주고 있는지는 알 수 없을 것이다. 그러나 이내 추론이 작동한다. 아, 내 아들이 여름 캠프에 참여하기를 제안하려는 의도라면(지난 주에 그에 관한 얘기를 나눴다), 이러한 사실로 내 관심을 유도하는 것이 잘 들어맞는다. 효과적인 의사소통을 위해 화자는 이러한 과정을 예상하고 상대방의 잠재적인 유추 추론을 미리 시뮬레이션한다. 예를 들어, '올여름'이란 말을 빼고 '테니스 캠프' 이야기를 하면 상대방은 자신의 아들을 위한 테니스 캠프 얘기는 아니라고 생각할 것이다. 이것은 본질적으로 자신의 의사소통 행위를 상대방이 어떻게 생각하는지에 대해 생각하는 것이다.

말할 것도 없이, 관습적 의사소통은 손가락 지시나 팬터마임보다 훨씬 명확한 의미론적 내용을 담을 수 있고 의사소통을 쉽게 만든다. 그러나 언어로 의사소통하는 두 사람이 복잡한 상황을 이야기하기 위해 필요한 시뮬레이션, 추론, 생각들까지 제거할 수는 없다. 또한 언어적 의사소통은, 기본적인 제스처를 공통적으로 사용하는데도 불구하고 인간의 생각을 위한 강력한 재료를 새롭게 제공한다. 이 중 네 가지를 다음 글에서 자세히 설명한다. (1) 상속 개념으로서의 커뮤니케이션 관습, (2) 복잡한 표상 형식으로서의 언어 구문, (3) 대화와 성찰적 생각, (4) 공유된 의사 결정과 근거 제시를 차례로 살펴보자.

## 상속 개념으로서의 커뮤니케이션 관습

초기 인류가 타인의 관심과 상상을 관련 상황으로 돌리기 위한 기호로 사용했던 자연적인 상징 제스처는 현대 인류에 의해 관습화되었다. 제스처 해석이 의사소통 당사자의 개인적인 공통 기반에 의존하는 것이 아니라, 집단 내 다른 사람들의 사용과 해석에 관한 문화적 공통 기반에 의존하게 되었다. 따라서 문화적 공통 기반에 따라 누군가에게 뱀이라는 위험 상황을 알리기를 원할 때 그 방향을 향해 손을 물결치듯 움직이는 제스처를 한다. 이러한 관습은 다른 모든 사람들이 그렇게 사용하는 경우에만 사용하려고 한다는 점에서 조정 장치로 작동한다(Lewis, 1969; Clark, 1996). 따라서 의사소통 관습은 내가 그것들을 관습적인 방식으로 사용하지 않는다면 성공할 가망성이 없다는 점에서 구성적인 규범에 의해 관리된다. 비트겐슈타인이 논증했듯이(Wittgenstein, 1995), 관습적 사용을 위한 기준은 개인이 아니라 공동체에 의해 결정된다. 나 혼자 관습을 따르지 않을 수도 있겠지만, 그게 무슨 소용이 있을까?

집단 내의 모든 사람들이 문화적 공통 기반에 근거하여 관습을 인지하고 따를 것이라고 기대하는 의사소통 관습의 문화적 차원은 우리가 이제 인간의 의사소통 행위를 완전히 **명시적인** 것으로 생각할 수 있음을 의미한다. 초기 인류는 관련 상황 제스처와 함께 손가락 지시를 사용함으로써 다른 사람을 위해 관점을 제시하려고 했다. 그러나 상대방이 잘못 이해하기 쉽고 심지어 오해한 척할 수 있으며, 그렇다면 그것으로 그만이었다. 그러나 현대 인류가 뱀이 나타났음을 알리는 제스처와 함께 의사소통 관습을 사용한다면, 상대방이 잘못 이해하거나 이해하지 못했다고 주장할 수 없을 것이다. 우리는 모두 문화적 공통 기반에서 관습을 알고 있기 때문에, 소통은 명확하고 상대방은 반드시 응답해야 한다. 현대 인류는 이제 의사소통 상대를 이해시켜야 할 뿐 아니라, 집단의 구성원이라면 특정 관습이 어떻게 작동하는지 알아야 한다는 공동체의 규범적인 압력을 받고 있는 것이다. 집단의 의사소통 관습을 이해하지 못하는 사람은 집단의 일원이 아니라는 사실이 문화적 규범을 만든다.

상징 커뮤니케이션 관습에서 상징은 쉽게 제거될 수 있다. 수화의 탄생과 함께 이러한 일이 발생한다. 각자의 집에서 사용하는 '홈 사인home signs' 중 일부를 관습으로 만들게 되는 것이다. 이것은 종종 일종의 양식화 또는 기호의 축약으로 이어진다(Senghas et al., 2004). 따라서 뱀의 출현을 알리는 물결 모양의 손동작은 물결이 거의 없는 손 동작으로 축약될 수 있다. 이것은 일반적으로 의사소통 상황에서 쉽게 예측할 수 있기 때문에 가능하다. 예를 들어, 내가 돌을 뒤집으려고 할 때 누군가 손을 내밀면 그 즉시 나는 뱀의 위험을 알리는 손동작을 예측할 수 있다. 이이들은 뱀을 조심해야 하는 상황을 가리키기 위해 (물결 없이) 축약된 손 동작을 모방할 것이다.[2] 강력한 모방과 순응은 의사소통의 상징성을 약화한다. 관습적으로 특정 상황에 대해 의사소통하기 위해 특정 동작을 사용한다는 문화적 공통 기반이 있는 집단에서는 상징이 필요하지 않기 때문이다. 따라서 의사소통 관습은 '임의적'일 수 있다.

개인의 생각에 작용하는 관습적-임의적 방식이 암시하는 바는 말할 필요도 없이 중대하다. 아이들은 일련의 커뮤니케이션 관습을 가진 집단의 일원으로 태어나며, 누구나 관습을 정확하게 이해하고 사

---

**2** 이것은 새로운 학습자가 원래의 자극을 모르고 있기 때문에 비유나 은유가 시간이 흐름에 따라 불투명해지는(폐기되는) 것과 다르지 않다.

용할 것이다. 개인은 사물을 개념화하는 자신만의 방식을 개발할 필요가 없다. 그들은 문화집단이 역사를 거치면서 집단 지성을 통해 만든 것을 배워야 했다. 개인은 다른 사람들을 위해 세계를 개념화하고 관점화하는 무수한 방법을 '상속'받았고, 그로 인해 하나의 동일한 상황이나 사물을 딸기, 과일, 음식, 거래 수단과 같이 여러 가지 다른 개념으로 표현할 수 있게 되었다. 개념으로 표현되는 방식은 현실이나 화자의 목표에 의해 결정되는 것이 아니라 청자가 상황이나 실체를 어떻게 해석하고 의사소통의 의도를 가장 효과적으로 이해할 수 있을지에 대한 화자의 생각에 의해 결정된다.

이와 같이 근본적으로 새로운 관습적–규범적–관점적인 인지 표상과 더불어 임의의 장치를 활용한 관습 커뮤니케이션은 두 개의 새로운 인지 표상을 만들어 냈거나 촉진했다. 첫째, 임의성은 더 높은 수준의 추상성으로 발전했다. 제스처가 순수하게 상징적인 경우 일반적으로 추상화 수준은 낮고 지역적이다. 예를 들어 상징을 활용한다면, 문을 여는 팬터마임과 항아리를 여는 팬터마임은 달라야 할 것이다. 상징을 이용한 이러한 방식은 청각 장애를 가진 아이가 개발한 홈 사인의 전형적인 형태다. 그들은 관습을 만들고 사용할 공동체가 없기 때문에 상징을 유지해야 한다. 그러나 집단에서는 교육을 통해 전파되고 전달될수록 상징성이 약해지고 임의적인 관습이 발생하기 때문에, 문을 **여는** 특정한 방식을 닮지 않은 추상적이고 양식화된 표현이 만들어진다. 이 추상성은 관습적인 수화가 가진 특징이며, 물론 음성언어의 특징이기도 하다. 임의성에 표류한 관습은 추상성을 낳는다. 많은 임의적 의사소통 관습을 획득하고 나면, 우리가 사용하는 대부분의 의사소통 기호들은 참조 대상과 임의적인 연결을 가질 뿐이며 필요하다면 새로운 것을 만들어 낼 수도 있다는 통찰에 이르게 된다.

임의적인 커뮤니케이션 관습에 의해 만들어진(적어도 촉진된) 인지 표상의 두 번째 새로운 과정도 역시 추상성을 포함하는데, 유형이 다르다. 현대 언어에서 가장 추상적인 개념은 대부분 매우 복잡한 상황에서의 한 가지 측면을 표현한다. 그런데, 예를 들어 **정의**justice와 같은 용어를 표현하기 위해서는 '누군가 어떤 상황에 처했을 때 누군가 무슨 일을 하게 되는 것……'처럼 일종의 서사를 포함해야 할 것이다. 완전한 서사를 연기하는 것 외에 팬터마임으로 **정의**와 같이 복잡한 상황과 사건을 다른 사람들에게 전달하는 것은 어려운 일이다. 축하나 장례처럼 구체적인 서사를 가진 사건도 마찬가지다. 전체 장면을 팬터마임해야 한다. 그러나 임의의 기호를 사용하면 복잡한 상황을 하나의 기호로 지시할 수 있다. 이는 (**나무**나 **먹다**처럼 직접적으로 범주화되고 체계화된 상징 구조와 더불어) 임의적인 기호에 의해 인간 생각의 관계적·주제적·서사적 구조에 상징성이 추가되었음을 의미하며, 그것이 인간 사고의 범위와 복잡도를 엄청나게 확장했다. BOX1(3장, 75쪽)에서 설명했듯이, 관계적-주제적-서사적 구성의 사고방식은 공동 목적과 다양한 역할이 있는 복잡한 협력 활동인데, 이제는 이것이 간단한 기호들로 표현될 수 있다. 마크먼과 스틸웰(Markman and Stillwell, 2001)은 역할(사냥에서의 추적자) 중심의 '역할 기반 개념'과 전반적인 활동(사냥 그 자체) 중심의 '도식 기반 개념'을 언급하는데, 인간 외에 경험의 주제적 차원(thematic dimension)을 개념화한 생명체는 아마도 없을 것이다.

'임계량'을 넘어선 임의적 커뮤니케이션 관습은 두 가지 새로운 추론 과정을 만들어 내기도 했다. 첫째, 인간은 상황에 따라 다른 목적을 가지고 다른 추상의 수준에서 의사소통하기 때문에, 관습적으로 의사소통을 하는 집단의 구성원은 복잡하고 방대한 커뮤니케이션 관습을 상속받는다. 예를 들어, 가젤을 지시하기 위해 어떤 맥락 안에서 제스처나 음성을 관습화할 수 있다. 반면에 다른 상황에서는 일반적인 동물(또는 무엇이든 제물로 바칠 동물)을 가리키는 제스처와 음성을 관습화할 수 있다. 이 문화의 아이들은 각기 다른 맥락에서 이 두 가지 표현을 모두 학습한다. 이것은 인과적 추론이 아니라 형식적 추론의 가능성을 열어 준다. 만약 내가 언덕 너머에 가젤이 있다는 사실을 전달하는 경우, 상대방은 자신이 알고 있는 지식에 근거하여 언덕 너머에 제물로 바쳐질 동물이 있다는 것을 추론할 것이다. 그러나 반대로 동물이 있다는 소식을 듣고 가젤을 추론할 수는 없을 것이다. 이론적으로는 다양한 수준의 일반성을 적용한 팬터마임을 할 수 있지만 오로지 집단적으로 공유한 관습 기호들에 의해서만 가능하다. 상대방이 형식적 추론에 필요한 관습적인 수단을 가지고 있어서 커뮤니케이션 행위를 해석할 수 있다는 확신이 필요하기 때문이다.

둘째, 임의적 커뮤니케이션 관습은 일종의 '체계'를 만든다. 이것은 바로 임의적인 성질 때문에 생긴 것인데, '의미론적 영역'에서 한 기호가 의미하는 영역이 다른 기호의 영역에 의해 제한될 수 있다(Saussure,

1916). 따라서 여러 표현을 활용할 수 있음을 서로 알고 있는 상황에서 특정한 표현이 선택되면, 그것은 문화적 공통 기반에 의해 해석된다. 예를 들어, 만약 누가 '한 여자'와 사냥을 떠났다고 말한다면, 그 사람의 아내도 '여자'이긴 하지만 굳이 '아내'라고 하지 않았기 때문에 그 여자는 아내가 아닌 것으로 추론할 수 있다. 또 만약 누가 '약간의 고기'를 먹었다고 말하면, 고기를 다 먹지는 않았을 거라고 추론할 수 있다. 우리가 의사소통 목적으로 선택하는 관습언어 표현의 확실한 목록을 가지고 있다는 공통의 문화적 기반에 근거하여 현대 언어 사용자들의 대화에는 이러한 종류의 실용적 암시가 스며든다(이러한 추론 중 일부는 반복석이어서, 관습적 암시라고 한다(Grice, 1975; Levinson, 2000)). 이러한 유형의 추론은 자연적인 팬터마임이나 다른 종류의 비관습적 기호들과 동일한 방식으로 적용되지 않는다. 자연적인 팬터마임에서 사용 가능한 여러 대안 중 특정한 하나를 선택한 것에 대한 추론은 문화적 공통 기반에서 이루어지지 않는다.

그래서 의사소통 관습의 출현과 함께 우리는 이제 몇 가지 새로운 형태의 개념을 갖게 되었다. 현대 인류는 집단 안의 다른 사람들과 문화적 공통 기반에서 일련의 의사소통 관습을 '상속'받으며, 관습을 사용하지 않으면 문화적 관행에서 벗어난다는 의미에서 이러한 관습의 사용은 규범적으로 통제된다. 의사소통 관습은 임의적인 특성에 의해 관계적·주제적·서사적 도식을 포함하여 거의 무한한 추상성을 갖는 상황과 사물까지도 개념화할 수 있다는 것을 의미한다. 그리고 의사소통 관습을 통해 우리는 자연적인 제스처로 할 수 없었던 형식적 추론과 실용적 추론을 집단적으로 공유하게 되었다.

## 복잡한 표상 형식으로서의 언어 구문

초기 인류가 (모든 유인원이 가지고 있듯이) 새로운 심상 조합을 만들어 내는 일반적인 인지능력을 가지고 있었던 것과 더불어 단어로 구성되는 의사소통 관습 목록을 가졌을 것으로 상상한다면, 여러 단어 조합을 만드는 것은 쉽게 상상할 수 있다. 예를 들어 입을 벌리고 손을 입으로 가져가는 행동으로 먹기를 요청하는 의사소통 관습을 만들 수 있다. 그리고 무언가를 채집하는 제스처로 딸기를 따러 가자고 요청하는 의사소통 관습도 만들 수 있다. 그러면 누가 입맛에 맞지 않는 음식을 권할 때, 딸기를 따러 가자고 요청하기 위해 먹는 제스처와 딸기 제스처를 이어 붙일 수도 있다. (유인원과 인간이 가졌으며 지금은 관습에 적용된) 도식화 능력으로, 관습적인 먹는 제스처를 다른 관습적인 음식 제스처로 일반화하는 것이 가능하다. 어린아이들이 처음에는 '주스더'라고 말하고, 곧 '무엇 더' 패턴(이른바 아이템 기반 도식. Tomasello, 2003a)을 사용해서 '우유 더'나 '딸기 더'와 같은 말들을 하는 것과 같다.

언어 구문은 단순한 아이템 기반 도식에서 시작된다. 그러나 대화를 통해 정교해지고 점점 추상성을 띠게 된다. 의사소통에서 중요한 측면은 청자로부터 받는 압력(충분한 정보에 대한 요구)이다. 이러한 압력 때문에 화자는 암시적으로 남겨두었을지도 모르는 것들을 명시적으로 밝히려고 한다. 화자가 마치 피진어처럼 다른 언어의 문장을 더듬거리면 청자는 그 간극을 추론으로 채워야 한다. 의사소통이 제대로 이루어지지 않으면, 청자는 그 조각들이 서로 어떻게 연결되는지 더 많은 정보를 요구한다. 따라서 화자는 의도를 명시적으로 드러내야 해야 한다. 이 과정이 문장을 통합하는 기술과 결합되면 '나는 영양을 찌른다…… 영양이 죽었다I spear antelope… he dead'라는 문장이 '나는 영양을 찔러 죽였다I speared the antelope dead'와 같이 변형된다. 비슷한 도식들이 만들어지기도 하고(예컨대 '나는 박을 마셔 비웠다I drank the gourd empty'), 이 예문에서 결과를 나타내는 구문이 나타난 것처럼 관습적인 언어 구문이 생기기도 한다(Langacker, 2000; Tomasello, 1998, 2003b, 2008). 타미 기빈Talmy Givón(Givón, 1995)이 말했듯이, 어제의 대화는 오늘의 문법이 된다.[3]

그렇게 완전히 추상적인 언어 구문이 탄생했다. 그것은 상징적인 형태의 관습이 되었고, 서로 다른 **유형**의 상황을 가리키는 추상적인 의사소통의 중요성을 가진다. 예를 들어, 영어를 사용하는 어린이들

---

[3] 현대 사회의 몇몇 특수한 상황 덕분에 이러한 과정을 대략적으로나마 설명할 수 있게 되었다. 가장 흥미로운 사례는 니카라과인의 수화다. 젊은 청각 장애인은 아주 약간의 문법적 구조를 가진 자신의 피진어 또는 홈 사인을 청각 장애가 없는 가족들과 사용했다. 그런데 그들이 공동체를 이루어 함께 산 지 3세대가 지나자, 그들의 특이한 홈 사인이 온갖 종류의 문법적 구조에서 사용되는 관습화된 기호 체계로 바뀌었다(Senghas et al., 2004). 알사이드 베두인족의 수화(Sandler et al., 2005)가 만들어질 때도 비슷한 과정이 관찰되었고, 실제로 피진어가 크리올어나 완전한 언어로 바뀌는 많은 경우에서 비슷한 진행이 간접적으로 관찰되었다(Lefebvre, 2006). 피진어(또는 홈 사인)가 가족, 직장 동료, 매우 강한 공통 기반을 가진 사람들 사이에서, 식사를 하거나 작업을 하는 등의 제한적이고 반복되는 상황에서 잘 작동하는 것으로 보였다. 그러나 다양한 상황이 벌어지는 더 큰 공동체에서도 사용할 수 있어야 했으므로, 청자가 사건과 참여자들을 재구성할 수 있도록 새로운 문법적 수단을 강구해야 했다. 화자와 청자가 서로 이해될 때까지 노력하고, 새로운 문법이 성공적으로 반복되고 모방되면 전체 공동체에서 관습으로 자리 잡는다.

생각의 기원

은 (1) 직접적인 원인(예를 들어 타동사 구문, X VERBed Y), (2) 대상물의 관점에서 본 인과 상황(예를 들어 수동 구문, Y got VERBed by X), (3) 사물이 이동하는 상황(자동사 처소격 구문, X VERBed to/into/onto Y), (4) 소유권을 양도하는 상황(예를 들어 이중 목적격 구문, X VERBed Y a Z), (5) 대상물 없이 행동하는 상황(예를 들어 비능동격 자동사 구문, X smiled/cried/swam), (6) 목적어가 주체나 원인 없이 상태를 변경하는 상황(예를 들어 비능동형 자동사 구문, X broke/died)과 같은 추상적인 구문을 일찌감치 배운다(Goldberg, 1995). 여기서 중요한 것은, 추상적인 형식의 도식적인 의사소통 기능이 특정 단어 사용과는 무관하다는 점이다.

구문을 사용할 때, 화자는 상대방이 특정한 관점에서 보거나 상상하도록 안내한다. 관습언어에서는 실제 행동의 주체가 무엇이든 관점에 따라 주어를 다르게 지정하는 다양한 방법이 있다. 그래서 하나의 동일한 행동을 '존이 창문을 깼다', '창문이 존에 의해 깨졌다', '존이 던진 돌이 창문을 깼다', '창문이 존이 던진 돌에 의해 깨졌다', '돌이 창문을 깼다', '창문이 돌에 의해 깨졌다'와 같이 표현할 수 있는데, 화자가 상대방에게 어떤 상황을 전달하고 싶어 하는지에 따라 달라진다. 또한 화자가 상대방의 지식과 기대를 고려하여 상황을 다르게 관점화할 수 있는데, 예를 들어 영어는 '창문을 깬 사람은 존이었다'에서처럼 구문을 쪼갠다. 상대방이 창문을 깬 사람이 존이 아니라고 생각하고 있을 때 창문을 깬 사람이 존이라는 사실을 강조하여 잘못된 믿음을 교정하기 위한 것이다(예를 들어, '빌이 창문을 깼어', '아니야, 존이 창문을 깼어'와 같은 대화를 상상할 수 있다). 브라이언 매퀴니Brian

MacWhinney(MacWhinney, 1977)는 화자가 사건을 인지적으로 어떻게 바라볼 것인가에 대한 '출발점' 또는 '관점'으로 무엇을 선택하느냐에 따라 해석이 달라진다고 했는데, 이것은 문법적으로 주제 또는 주어로 표현된다.

인지적인 측면에서 볼 때, 인류는 추상적인 구문을 통해 추상적이고 통합적으로 조직된 새로운 관습적 형식의 인지적 표상을 갖게 되었다. 이러한 추상적인 구문은 언어 항목을 다양한 구성으로 사용하고 재사용할 수 있게 하여 다른 상황에서 다른 역할을 수행하게 한다. 언어 항목을 유연하게 사용할 수 있기 때문에 각기 다른 항목의 역할을 명시적으로 표현해야 한다. 만약 내가 **남자, 호랑이, 먹다**를 몸짓이나 음성으로 표현하면, 누가 행위자agent이며 누가 피동작주patient인지를 아는 것이 중요하다. 이를 위해 오늘날의 언어에는 격이나 어순을 활용한 다양한 수단이 있다. 참여자들의 역할을 나타내는 데 사용되는 표시들은 일종의 2차 기호로 볼 수 있는데, 더 상위 계층 구문에서의 역할을 나타내기 때문이다(Tomasello, 1992).[4] 윌리엄 크

---

**4** 화자는 청자와의 공통 기반에 따라 상황의 참여자와 사건을 여러 수준에서 지칭할 수 있다(Gundel et al., 1993). 대명사는 이미 공통 기반이 확립된 사물을 가리키는 데 사용되며, 관계절이 있는 명사는 청자가 공통 기반을 사용해 식별할 수 있는 새로운 사물을 가리킬 때 사용한다(예를 들어 '어제 우리가 본 사람'과 같은 표현). 또한 많은 언어에는 the 나 a와 같은 관사가 있다. 관사는 현재 의사소통에서 공통점이 있는지 없는지를 나타낸다. 시제는 사건이 발생했거나 발생할 시점을 지정함으로써 현재의 의사소통에 정착시킨다. 이와 같이 참조 대상을 지정하는 방식은 명사구나 동사복합체verbal complex로 이루어진 다양한 항목의 계층 구조를 만들어 내며, 제 고유의 기능을 가지고 참조 상황에서 특정 참여자나 사건을 나타내는 전반적인 목표를 위해 협력한다.

로프트<sub>William Croft</sub>(Croft, 2001)는 언어 항목이 다른 항목들과의 구문론적 관계가 아니라 전체적으로 협동적인 구문론적 역할을 통해 의미를 얻는다고 주장한다. 따라서 언어 구문은 기호들의 협업으로 볼 수 있다.

따라서 추상 구문은 관습언어에서 창조성의, 그리고 생각에서 개념적 창조성의 주요 원천이다. 우리는 추상적인 구문을 만들기 위해 체계화하고 유추하고, 구문에서 알맞은 곳에 새로운 항목을 쉽게 집어넣을 수 있다. 사실 구문의 빈칸에 단어를 끼워 넣으면 다소 엉뚱한 구문이 억지로 만들어진다. 이를테면 '고양이를 나무했다<sub>he treed the cat</sub>', '자존심을 먹었다<sub>he ate his pride</sub>', '나이를 기침했다<sub>he coughed his age</sub>'와 같은 것들 말이다. 이러한 은유적·유추적 사고는 구문 자체가 의사소통 기능을 가지고 있다는 사실을 입증한다(Goldberg, 2006). 우리는 관습화된 추상 구문 체계에 맞춰 필요에 따라 항목들을 조립하고 재사용함으로써, 날아다니는 토스터나 맹렬히 자고 있는 녹색 아이디어와 같이 상상 가능한 모든 것을 떠올릴 수 있게 되었고, 독창적인 개념 조합을 만들 수 있게 되었다.

이 모든 것은 양자 간 의사소통에서 관련 상황을 표현하는 방법에 대한 것이다. 그리고 현대 인류는 동기, 태도, 인식론적 관계를 나타내기 위해서도 언어를 사용한다. 이것은 의사소통 과정에서 거의 완전히 새로운 것이다. 초기 인류는 다양한 방식으로 세계의 일부를 가리켰지만 그 대상과 자신의 관계는 (아마도 의도치 않게 (절차적으로) 얼굴 표정이나 음성으로 표현되었을 것이지만) 암묵적인 것으로 남기고, 의사소통 행위에 의도적으로 넣지는 않았다.

그러나 현대 인류는 의사소통 동기를 명시적으로 나타낸다. 따라서 대부분의 언어는 요청과 주장을 위해 각각 다른 구조를 사용한다. 마음과 언어를 연구하는 철학자들은 '동일한' 명제적 내용을 동기에 따라 다른 구문으로 표현하는 것이 매우 중요하다고 생각한다. 예를 들어 '그 사람은 호수로 갈 거야.'She is going to the lake., '그 사람이 호수로 갈까?'Is she going to the lake?, '호수로 가자!'Go to the lake!, '오, 그 사람은 호수에 갈 수 있었어.'Oh, that she could go to the lake.와 같이 동기에 따라 달리 표현된다. 명제적 내용이 '언표내적 효력illocutionary force'으로부터 독립함으로써 특정 언어적 발언에서의 특정 예시를 떠나 준독립적이고 사실적인 실체가 되었다(예를 들어 Searle, 2001). 발언 행위가 관습적으로 표현되면서, 언어적 항목이나 구문 전체(위에서처럼)에서 의사소통의 동기와 명제 내용 둘 다 단어와 구문으로 이루어진 동일한 표현 형식을 갖게 되었다. 이 완전히 새로운 의사소통 과정에서 이제 화자의 동기는 그 자체로 참조되고 관습에 의해 개념화된다. 이를 두고 비트겐슈타인(Wittgenstein, 1955, #11)은 매우 다른 기능이 동일한 방식의 언어와 구문으로 표현되는 것이 언어가 어떻게 작동하는지 이해하는 데 가장 어려운 점이라고 말했다. "우리를 혼란스럽게 하는 것은 단어들이 통일된 모양을 가진다는 점이다. (…) 단어의 용법이 명확하게 드러나지 않는다."

또한 화자는 다양한 언어적 장치를 통해 일부 명제 내용에 대한 태도와 인식을 드러낸다. 화자는 조동사를 사용해 '그녀는 호수에 가야 한다' 또는 '그녀는 호수에 갈 수 있다'는 식으로 의견의 강도를 표현하고, '나는 그녀가 호수에 갈 것으로 믿는다' 또는 '나는 그녀가 호수에 갈 것 같지 않다'라는 식으로 표현할 수도 있다. 의견의 강도를 나타내는 표현의 관습화에 대한 진화적 원료는 아마도 불확실성, 놀람, 분노 등을 표현할 때의 표정과 운율일 것이다. 그러나 이제는 이런 것들이 관습화되었다.[5] 그래서 화자는 "의견의 강도를 나타내는 일련의 언어적 패키지"(Givón, 1995)로 내용을 감싸며, 이를 통해 우리는 준독립적인 정신적 주체로서 그것들을 개념화하게 된다. 이 경우 독립성은 화자의 동기뿐 아니라 화자가 어떻게 느끼고 생각하는지에서도 비롯된다. 또한 내용과 태도를 구별하는 것은 누군가 그 내용에 대해 생각하고 느끼는 방식과는 독립적으로 존재하는 영원불변하고 객관적인 사실에 기초를 두고 있으며, 따라서 독립적이고 '객관적인' 실체라는 관념의 기초가 되기도 한다.

화자가 적극적으로 제어하는 것들을 모두 결합하면, 그림 4-1과 같이 관습언어의 기본적인 구조가 확립된다. 태도-내용 구분과 주제-초점(주어-술어) 구분을 포함하는 어조-내용 구분이 기본적인 구조다.

언어 구문을 종합적으로 정의하자면, 다른 사람과의 의사소통

---

**5**　웬디 샌들러Wendy Sandler 등(Sandler et al., 2005)은 알사이드 베두인족 수화와 함께 사용되는 과장된 얼굴 표정이 세대를 거치면서 화자의 동기와 태도를 관습화되는 과정을 연구했다. 수화를 사용하는 사람들은 여러 세대를 거치면서 관습화된 얼굴 표정으로 '주장이나 질문과 같은 언표내적 효력을 표시할 수 있게 되었다. 또한 한두 세대 만에 바로 나타난 것은 아니었지만 나중에는 화자가 필요성, 가능성, 불확실성, 놀라움과 같이 의견의 강도를 나타내는 다양한 태도를 관습적으로 표현할 수 있게 되었다.

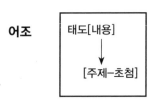

어조     태도[내용]

[주제-초점]

**그림 4-1** 관습언어의 기본적인 구조

을 위해 사물을 개념화할 때 경험을 추상적인 패턴으로 조직하는 관습적이고 자동화된 대화 조각이라고 말할 수 있다. 구문은 행위자, 대상, 위치와 같은 추상적 역할을 포함하는데, 격, 부가적 전치사 adposition, 어순과 같은 2차 기호들을 통해 역할 분배가 이루어진다. 거의 무한한 언어 항목을 이러한 역할 슬롯에 배치할 수 있는 가능성은 창조적인 개념 결합의 주요 원천이다[클라크(Clark, 1996)의 유명한 "The newspaper boy porched the newspaper"를 참고하라]. 특정 구문 내에서 주제-초점(주어-술어) 구성은 여러 역할 중에서 어느 하나의 역할의 관점에서 상황을 개념화한다. 발언 동기를 나타내는 의사소통 장치는 의견의 강도를 나타내는 언어들과 함께, 사실적인 명제 내용을 누군가가 생각하거나 느끼는 방식과는 상관없이 객관적 세계에 대한 영원불변한 객관적 사실을 나타내는 것으로 분류한다. 이것들이 인간에게 특유한 언어적 커뮤니케이션의 모든 특성이다(BOX3 참고).

**대화와 성찰적 생각**

인류는 언어를 갖게 되면서부터 대화를 시작했다. 대화 중에는 상대

BOX3                                                침팬지 '칸지'의 '언어'

지난 수십 년 동안, 몇 마리의 대형 유인원을 기르고 인간 방식의
의사소통을 가르쳤다. 유인원들은 매우 재미난 것들을 할 수 있었
는데, 그것이 인간의 방식이었는지 아니었는지는 확실치 않다. 언
어 구문과 관련해 유인원이 기호를 조합할 수 있다는 사실에는 의
문의 여지가 없다. 때로는 창조적이기까지 하다. 그러나 인간의 구
문과 유사한 것이 있다고 보이지는 않는다(심지어 개념적인 내용을 완벽
하게 도식화할 수 있는 능력이 있다 하더라도). 왜 그럴까? 이 질문에 답하
기 위해, 유인원이 손동작과 사람이 제공한 시각적 기호들을 활용
해서 만들어 낸 언어의 예를 들어 보자.

BITE BALL – 이것을 하길 원한다

GUM HURRY – 가지길 원한다

CHEESE EAT – 원한다

You(point) CHASE me(point) – 다른 사람에게 요청한다

우선 이 문장은 모두 요청형이다. 이 개체들의 의사소통 행위
의 95퍼센트 이상이 명령형(나머지 5퍼센트는 질문형)이라는 체계적인
연구를 반영한다(Greenfield and Savage-Rumbaugh, 1990, 1991; Rivas,
2005). 인간에게 어떤 훈련을 받았든 대형 유인원은 다른 사람에게
단순히 정보를 알려주거나 정보를 공유하고자 하는 동기를 갖지는

못할 것이다(Tomasello, 2008). 강압적인 명령형 의사소통에는 인간 언어 커뮤니케이션의 복잡한 기능이 거의 필요 없었다(주어도 없고, 시제도 없다).

그럼에도 불구하고, 대형 유인원의 많은 의사소통 행위는 분명히 복잡한 형태를 띤다. 상황에서 행위자와 사건을 구분한 일종의 사건-행위자 구조를 갖는다. 그러나 이러한 복잡성에도 불구하고 인간의 언어적 의사소통과는 많이 다르다. 기본적으로 다른 점은 인간의 문법은 듣는 사람의 지식, 기대, 관점에 따라 개념적으로 구조화된다는 것이다. 사건과 행위자(그리고 아마도 장소)에 덧붙여, 언어를 구사하는 유인원들은 자신의 욕구를 표현하는 항목을 학습했다(예를 들어 인간의 경우 그렇게 사용하지 않지만, 유인원들은 'hurry'를 자신들이 당장 하고 싶다는 의미로 사용했다). 그러나 상대방이 이해할 수 있도록 만드는 구문론적인 형태가 빠져 있는데, 이것이야말로 의사소통의 중요한 동기다. 예를 들면 다음과 같다.

- 유인원은 상대방이 참조 대상을 알아차릴 수 있도록 특정하지 않는다. 즉, 유인원은 예를 들어 어떤 공이나 치즈인지를 특정하기 위해 관사나 형용사를 이용한 명사구를 만들어 쓰지 않는다. 그리고 언제 발생한 사건인지를 특정하기 위해 시제를 사용하지도 않는다.
- 유인원은 의미론적 역할을 나타내거나 누가 누구에게 했다는 것을 표시하기 위해 격이나 어순과 같은 2차 기호를 사용하지

않는다. 화자에게는 이러한 정보가 필요 없다. 복합적인 상황에서 각각의 행위자의 역할이 무엇인지, 특히 어떤 사건에 대해 이야기하고 있는지를 알아차리기 위해 청자에게 필요한 것이다.

- 유인원은 무엇이 예전 것이고 무엇이 새롭고 대조적인 정보인지 듣는 사람이 알게 하는 구문이나 장치를 사용하지 않는다. 예를 들어 우리는 누군가 빌이 유리창을 깼다고 단호하게 말할 때, "아냐, 창문을 깬 사람은 프레드야"라고 분열구문을 사용해서 정정할 수 있지만, 유인원은 이러한 구문을 사용하지 않는다.
- 유인원은 관점에 따라 구문을 다르게 선택하지 않는다. 예를 들어 우리는 동일한 사건을 듣는 사람의 지식과 기대, 의사소통 의도에 따라 '내가 화분을 깼어', '화분이 깨졌어'처럼 다르게 얘기할 수 있지만, 언어를 사용하는 유인원은 이런 식으로 다른 종류의 구문을 사용하지 않는다.
- 유인원은 지시 상황에 대한 자신의 의견의 강도를 표현하는 의사소통 동기를 갖지 않는다. 유인원은 항상 요청형의 의사소통을 하기 때문에 필요가 없을 것이다.

이론적으로 중요한 것은, 인간의 언어적 구문이 상대방의 지식·기대·관점에 따라 달라진다는 것이다. 명사구처럼 아주 단순한 구문에서조차 상대방의 지식·기대·관점에 맞춰진다. 인간은

구문에 동기와 의견의 강도를 나타내는 표현을 관습화하기도 한
다. 문법의 실용적 차원이라 일컫는 이 모든 것들이 인간 고유의
특성이다.

방의 말을 이해하지 못했을 때 추가 설명을 요구하는 일이 생기고,
그러면 화자는 필요한 정보를 명시적으로 전달하려고 노력한다. 인간
의 생각과 관련해 중요한 점은, 관습적인 언어 형식으로 개념적 내용
(원래의 의사소통 행위에서는 암시적이기만 했던 내용)을 설명하는 것이 그 내용을
성찰하기 좋은 형태로 만들어 주었다는 것이다. 미드(Mead, 1934; 일부는
Karmiloff-Smith, 1992)의 분석을 떠올려 보면, 인간 의사소통의 협력적인
특성은 화자가 자신의 커뮤니케이션 행위를 자신이 청자인 것처럼 인
식하고 이해할 수 있음을 의미하는데, 이는 자신의 생각을 외부의 관
점에서 생각할 수 있도록 한다(Bermudez, 2003). 초기 인류는 손가락 지
시와 팬터마임으로 자신들의 생각을 어느 정도 성찰할 수 있었지만,
현대 인류는 관습언어로 새로운 유형의 생각을 표현할 수 있게 되었
다. 게다가 이제는 자기관찰이 청자의 관점에서뿐만 아니라 관습을
공유하는 모든 구성원들의 규범적인 관점에서도 작동한다. 특히 중
요한 세 가지 예시는 다음과 같다.

첫째, 설명이 필요한 중요한 정보 중 하나는 화자의 의향(또는 태도)
이다. 예를 들어 사냥에서 돌아오는 길에 두 번째 물웅덩이에서 물
을 마시는 가젤을 발견하고, 가젤이 좋아하던 첫 번째 물웅덩이가 말
라 있을 것으로 추론할 수 있다(최근 건조한 날씨가 계속됐다). 집으로 돌아

가서 누군가 첫 번째 물웅덩이로 물을 길러 간다고 하면 나는 첫 번째 물웅덩이가 말라붙어 있다는 사실을 알려주려고 할 것이다. 그러나 확신할 수는 없으므로 그냥 '물이 없다'고만 말하고 싶지는 않다. 이런 상황에서 사용된 불확실성에 대한 첫 번째 지표는 얼굴 표정이었다. 그러면 사람들은 의심을 표시하는 관습적인 방식을 만들어 낸다. 예컨대 '아마도 물이 없을 것이다' 또는 '물이 없을 것으로 생각한다'는 식으로 말하는 것이다. 흥미롭게도 영어권 및 독일어권의 어린이들은 불확실한 상황에서 **아마도**maybe와 같은 의미로 '생각한다'라는 표현을 쓴다('물이 없다고 생각한다'는 '아마도 물이 없는 것 같다'와 같은 뜻이다. Diessel and Tomasello, 2001). 그들은 나중이 되어서야 제3자의 마음에 대해 명시적으로 언급한다. 그래서 한 가지 가설은 마음에 대해 명시적으로 표현하는 것이 대화에서 필요했으며, 처음에는 이것을 전면적으로 하지 않았고, 명제 내용에 대한 자신의 인식론적 태도에 대해서만 언급했다는 것이다. 나중에는 타인과 자신을 포함한 모든 사람의 마음을 동일한 의사소통 관습으로 언급하게 되었다. 인류가 지향적 상태를 명시적으로 언급할 수 있게 되자, 새로운 방식으로 그들 자신을 성찰할 수 있었다.

　명시적인 설명이 필요한 두 번째 인지적 과정은 화자의 논리적 추론 과정이다. 이것들은 주로 **and** 와 **or** 또는 다양한 종류의 부정(예컨대 **not**)과 조건부 결과(**if... then...**)로 표현된다. 예를 들어, 논쟁적 대화에서 화자는 자신의 논리를 명확히 하기 위해 이러한 단어들을 사용한다. 보통 대화에서 커뮤니케이션 압력을 받는 것처럼 논쟁적 대화에서도 '논리적 압력' 때문에 논리 연산은 명시적인 언어로 표현되었다. 그전까지 논리 연산은 단지 절차적이었을 뿐 표현되지 못했던 것들이었다. 예를 들어, 제스처와 상징을 사용하는 첫 단계를 상상할 수 있다. 이 단계에서 **or**는 한 손으로는 **이** 물건을, 다른 손으로는 **저** 물건을 제공하는 팬터마임으로 표현할 수 있다. '**if... then...**' 조건부 결과는 위협과 경고(if X... then Y)와 같이 일상적으로 나타나는 사회적 상호작용으로 팬터마임할 수 있다. 그러나 항상 그렇듯이 언어적 관습으로 이러한 논리 연산자를 상징화하면 추상성을 획득하여 훨씬 더 강력해지고, 자기관찰과 성찰에 훨씬 쉽게 활용된다.

셋째로, 화자는 듣는 사람이 이해할 수 있도록 배경지식과 공통 기반을 명확하게 명시해야 한다. 예를 들어, 우리가 함께 꿀을 구하고 있다고 가정해 보자. 우리는 문화적 공통 기반을 공유하고 모두가 익숙한 문화 관행을 가지고 있다. 이 관행에 관해 우리가 공유하는 지식은 우리의 많은 활동을 지시한다(어떤 종류의 꿀벌을 찾아야 할 것인지, 어떤 높이의 나무를 뒤져야 할지, 어떤 도구가 필요한지, 운반할 용기는 어떤 것인지). 따라서 누군가 나뭇잎을 따서 엮기 시작하면, 나는 운송을 위해 그릇이 필요하다는 것을 알기 때문에 참을성 있게 기다릴 것이다. 그러나 이 공유된 지식은 모두 우리의 (문화적) 공통 기반에 함축되어 있다. 초기 인류는 동료에게 적절한 잎이 있음을 손가락으로 가리킴으로써 이러한 지식을 공유할 수 있었다. 그러나 현대인이 공유된 커뮤니케이션 관습을 통해 잎의 존재를 알린다면 '저길 봐, 좋은 잎이 있네'라고 할 것이다. 이렇게 하면 훨씬 더 명시적인 방식으로 나뭇잎으로 주의를 유도할 수 있지만, 여전히 오해의 여지가 있다(무엇에 좋다는 것인가?). 그래서 상대방은 아마도 잎을 보면서도 아무런 반응이 없을 것이다. 상대방이 무엇을 이해하지 못했는지 판단해서, '그 반얀 나뭇잎' 또는 '우리는 배를 만들어야 해' 또는 '우리는 배를 만들기 위해 나뭇잎이 필요해' 등으로 말할 수 있다. 나는 상대방의 관심을 나뭇잎으로 돌리려고 했던 이유를 명백히 하려는 것이고, 그 과정에서 나 자신의 생각이 명백해진다. 이러한 과정이 나의 생각과 연결 고리들을 공통 기반의 암시적 부분일 때에는 할 수 없었던 새로운 방식으로 성찰할 수 있게 한다.

그래서 현대 인류는 지향적 상태, 논리 연산, 기본 가정을 상대적으로 추상적이고 규범적인 관습언어로 표현할 수 있게 되었으며, 관습적이며 규범적인 언어의 본질 때문에 새로운 성찰 과정이 생겨났다. 유인원의 의사 결정에서 불확실성을 관찰할 때와는 다르고 초기 인류가 상대방의 이해를 관찰할 때와도 다른, 누군가 '객관적'이고 규범적인 사고를 하는 다른 사람으로부터 온 것처럼 자신의 언어적 개념을 객관적이고 규범적으로 생각할 때 나타나는 성찰이다. 그 결과 현대 인류는 개별적인 자기관찰이나 양자 간 사회적 평가에 참여하는 것이 아니라 완전히 규범적인 자기성찰에 임하게 된다.

## 공동 의사 결정과 근거 제시

공동 의사 결정은 인간의 사고 과정에 막대한 영향을 미쳤다. 여러 옵션 중에서 하나의 행동을 선택해야 하는 협력적 파트너(또는 위원회)

의 예를 생각해 보자. 상호 의존적 상황에서 권력이 동등하다고 가정하면, 그들은 다른 사람들에게 무엇을 하라고 얘기할 수 없다. 가능한 조치를 제안하고 그 이유를 제시해야만 한다.

초기 인류 협력자들은 일반적으로 상당 부분 공통 기반을 공유하고 있었기 때문에 암시적으로 근거를 제시하며 손가락 지시와 팬터마임을 사용할 수 있었다. 가젤을 쫓고 있는 두 사람의 초기 인류를 상상해 보자. 가젤이 시야에서 사라지면, 어느 길로 가야 할지 공동의 결정을 내리기 위해 멈춰 선다. 한 사람이 땅 위의 발자국을 가리킨다. 아마도 그들이 쫓고 있는 가젤의 발자국일 것이라는 공통 기반을 공유하고 있으므로 그 발자국은 사냥과 관련이 있다. 길의 방향도 사냥과 관련이 있는데, 가젤이 어디로 달아났는지를 의미하는 것임을 공통 기반으로 알고 있기 때문이다. 커뮤니케이터가 협력자의 관심을 발자국에 집중시킨 것은 원하는 방향으로 함께 가기 위해서다. 그러나 그는 그 방향을 가리키고 있지 않고, 단지 발자국을 가리키고 있다. 따라서 커뮤니케이터의 행위는 암시적인 근거를 제시한 것이다. '발자국을 봐라.' 아마도 우리 사냥감이 달아난 방향과 관련이 있다는 사실이 우리의 공통 기반에 놓여 있으므로 우리가 이 방향로 가야 할 이유가 된다. 상대방은 다른 의견을 제시할 수 있다. 덤불 근처에서 새끼 가젤을 발견하고 그 방향을 가리킬 수도 있고, 다른 방향으로 가야 할 더 좋은 근거를 제시할 수도 있다. 어떤 이유도 명백한 것은 아니며, 따라서 우리가 완전히 합리적인 사고라고 부를 수 있는 것은 아니다. 그러나 이것이 시작이었다.

현대 인류는 관습언어 커뮤니케이션을 통해 완전한 논증에 이르게 된다. 여기서 '논증'이라는 것은 단지 무언가를 생각하는 것이 아니라, 왜 그렇게 생각하는지 타인이나 자신에게 관습적인 방식으로 설명하는 것이다. 이것은 인간의 논증이 개인적인 행위라는 전통적인 견해와 상충된다. 커뮤니케이션과 대화의 관점에서 논증을 재조명한 휴고 머시어Hugo Mercier와 댄 스퍼버Dan Sperber(Mercier and Sperber, 2011)는 이러한 점을 분명히 보여준다. 특히 다른 사람들에게 주장의 근거를 제시하는 논쟁적인 대화가 그렇다. 화자가 상대방에게 무언가를 알릴 때 믿음을 주기를 원하며, (협력의 상호 전제를 토대로) 종종 설득에 성공한다. 그러나 때로는 (어떤 이유에서인지) 상대방이 충분히 믿지 않기 때문에 화자는 자신의 발언에 대한 근거를 제시한다. 근거를 제시하며 상대방을 설득하려고 노력한다. 논증의 주된 기능은 다른 사람을 설득하는 것이다. 예컨대 사람들은 증거의 불일치를 눈여겨보기보다는 자신이 지지하는 근거를 찾는 경향(확증 편향)이 있다. 다른 사람들을 설득하는 능력은 개인의 경쟁력을 높여 주므로, 인간의 논증 기술은 진리를 위해서가 아니라 자신의 견해를 다른 사람들에게 납득시키기 위해 진화했다.

인간의 논증이 사회적 커뮤니케이션에서 기원한 것은 거의 확실하다. 그러나 머시어와 스퍼버는 협력을 배경으로 간주하는 반면에, 나는 협력을 전방에 내세운다. 협력 활동에서 흔히 발생하는 공동 또는 집단적 의사 결정이 핵심적인 사회적 맥락이었다. 따라서 사슴 사냥에서 서로 다른 방향으로 가야 한다고 생각할 때, 자신의 주장을 정당화하려면 예컨대 남쪽 방향에 샘물이 있다는 식의 이유를 관습언어로 표현해야 한다. 그러면 상대방도 하루 중 지금 시간대에는 샘물에 사자가 있을 거라서 사슴은 없을 것이며 사슴 발자국이 북쪽으로 향하고 있다는 식의 이유를 댈 것이다. 그러면서 '발자국이 오래되어 보인다', '아침에 직사광선을 받아서 그렇다', '발자국이 새벽부터 있었다'와 같은 대화를 하게 된다. 요점은 이런 식의 논쟁이 협력적인 맥락을 가정한다는 것이다. 다월은 다음과 같이 말했다. "상대방에게 서로 논리적인 추론을 요구하는 것은 특정한 상황, 즉 상대방과 내가 함께 어떤 일을 하려고 할 때뿐이다."(Darwall, 2006, p. 14)

협력적 논쟁은 게임이론으로 모델링할 수 있다. 협업하지 않으면 사냥감을 얻을 가능성이 없기 때문에, 가장 상위 목표를 협력에 두고 협력 상황에서 각자의 주장을 하는 것이다. 만일 사슴의 위치를 잘못 알았다면 상대방을 설득하려고 하지 않을 것이다. 논쟁에서 이기고 굶는 것보다 논쟁에 지고 푸짐한 저녁을 먹는 편이 낫기 때문이다. 따라서 당사자들이 '가장 좋은' 이유가 있는 방향으로 갈 것이라는 암묵적인 동의가 협력의 핵심이다. 합리성이 중요하다.

'최선의' 이유에 대한 호소는 셀러스(Sellars, 1963)가 언급한 "누구라도 그렇게 생각할 만한 것과 내 생각을 비교해 볼 수 있는 정확성과 관련성에 관한 공통의 기준"을 환기한다. 따라서 공동 또는 집단적 의사 결정의 맥락에서 우리의 협력적 논쟁은 어떤 이유가 실제로 '최선'인지 결정할 때 사용할 공유된 척도를 전제로 한다. 그래서 집단적 의사 결정에서 협력적 논쟁을 지배하는 사회적 규범이 생겨났다. 예를 들어 직접적인 관찰은 간접적인 증거나 소문을 능가한다. 논쟁에 참여하려면 우선 '게임의 법칙' 즉 협력적인 논쟁을 위한 집단의 사회적 규범을 받아들여야 한다. 이것은 길거리 싸움과 권투 경기의 차이점과 같다. 고대 그리스인들은 서구 문화에서 가장 중요한 논쟁의 규칙들을 명시했다. 예를 들어 비모순율law of noncontradiction(진실이면서 동시에 거짓인 진술을 할 수 없다), 동일률law of identity(논쟁 과정에서 A의 정체성은 변하지 않는다)과 같은 것이다. 심지어 그리스인 이전에도 예컨대 동시에 참이면서 거짓인 진술을 하는 사람은 무시당하거나 합리적으로 논쟁하라는 권고를 받았을 것이다. 따라서 협력적 인프라는 논증이 사리에 맞는지 판단할 때 결정적인 요인이다. 자연 자체는 '존재'한다. 사슴은 어딘가에 존재한다. 그러나 사실상 '존재하는 것'이 무엇인지 결정하기 위해서는 문화적인 대화가 꼭 필요하다.

따라서 '확신에 찬' 주장은 협력적 논쟁에서 시작되었을 것이다. 주장은 사실임을 보장한다는 점에서 단순한 정보 전달 이상으로 결정적인 논증과 정당한 근거가 필요하다(단지 솔직해야 하는 것이 아니라 객관적인 사실임을 약속해야 한다). 논증과 정당화는 내가 믿는 사실의 근거를 다른 사람들과 공유하는 것이며, 이유를 제시함으로써 다른 사람들을 설득하는 것이다(샘물에 사자가 있으면 사슴은 없다는 사실을 우리 모두 안다). 논쟁의 규칙을 벗어나면(예를 들어, 스스로 모순되는 것) 주장은 받아들여지지 않고, 양측 모두 사실이 아님을 알고 있는 주장은 폐기된다. 전반적으로 (논증과 정당화를 통해 얻어진) 다양한 추론으로 (다른 사람의 생각과 자신의 생각을 모두 포함한) 여러 생각들을 연결하는 능력은 인간 이성의 핵심이며, 전체적인 '믿음의 망'에서 개인의 생각들을 서로 이어 붙인다.

(사회문화적인 관점으로 인간의 생각을 연구하는 모든 현대 사상가들에 의해 인식되는) 이 모든 것들 중 최고의 성취는 다양한 사람들의 생각을 개인의 이성적인 사고와 논증으로 내면화한 것이다. 명확하게 논증하기 위해 화자는 실제로 말하기 전에 상대방이 어떻게 이해할지 일종의 내면의 대화로 시뮬레이션할 수 있다. 논쟁에서 다른 사람을 설득하기 위해 명시적으로 표현해야 하기 때문에 잠재적인 상대방이 어떻게 반박할 것인지 미리 시뮬레이션해야 하며, 따라서 상호 연관된 일련의 논증과 타당한 이유를 내면의 대화를 통해 미리 준비할 수 있게 된다. 브랜덤(Brandom, 1994, pp. 590-591)은 그 과정을 다음과 같이 설명한다. "**독백** 논증에 사용된 개념들은 (⋯) **대화** 논증의 내용에 기생하여 오로지 그 측면에서만 이해될 수 있고, 본질적으로 서로 다른 배경을 가진 심판들의 사회적 관점에서의 평가를 염두에 두어야 한다."

따라서 논증의 규칙은 최소한 암묵적인 합의가 있어야 하며, 개인은 '어느 합리적인 아무개'를 설득하는 방식으로 논증하고 정당화한다. 심지어 논증이 마음속에서 이루어지더라도 자신의 행동과 생각을 규제하는 일종의 집단적 규범에 준한다. 이것을 '규범적 자기규제 normative self-governance'라고 부른다(예를 들어 Korsgaard, 2009).

# 주체 중립적 생각

초기 인류의 생각은 양자 간의 직접적인 협력을 조정하기 위한 것이었다. 현대 인류는 다른 종류의 조정 문제에 직면했는데, 개인적 공통 기반이 없는 모르는 사람과의 상호작용을 조정해야 했다. 행동을 조정하기 위한 해결책은 모든 사람이 서로에게 기대하는 주체 중립적인 관습, 규범, 제도를 만드는 것이었다. 다른 사람들과 행동을 조정하기 위해 인간의 의사소통은 관습적이어야만 했다. 다시 말해, 개인적인 것이 아니라 문화적인 공통 기반을 가져야 했다. 관습적 의사소통에서 좋은 파트너, 특히 공동 의사 결정에 협력적으로 참여하는 파트너가 되기 위해서는 명시적인 언어로 주장의 근거를 제시하고, 언어적 행위와 논증에 대한 이해도 및 합리성을 문화집단의 규범으로 판단하는 시뮬레이션을 해야 한다. 현대 인류는 다른 개인과의 공동 지향점을 설정할 뿐만 아니라 전체 문화집단의 집단 지향점에도 참여한다.

## '객관적인' 표상

초기 인류는 여러 관점에서 동시에 다양한 상황과 사물을 인지적으로 표상했고, 다른 사람을 위해 지시적이고 상징적인 의사소통 행위로 그 상황과 사물에 대한 특별한 관점을 제시했다. 그리고 현대 인류는 주체 중립적인 관습·규범·제도를 통해 때로는 모르는 사람들과 협력하고 의사소통하기 시작했으며, 그래서 그들의 인지 모델과 시뮬레이션을 수행하던 관점은 단지 특정 개인이 아니라 일반적인 타인, 아마도 전체 집단을 대상으로 했다. 한 개인이 태어나면서부터 속하게 되는 언어 관습들은 집단 전체가 과거로부터의 경험을 관점화하고 도식화한 방식을 담고 있어서 피할 수 없는 것처럼 보였다. 사회적으로 작동하는 이 새로운 방식에 의해 인지적 표상은 세 가지 중요한 새 기능을 갖게 되었다.

**관습적.** 현대 인류는 생명의 역사상 처음으로 문화적으로 구성된 관습언어 형태의 표상 체계를 '상속'받았다. 여기에는 문화집단의 선조들이 유용하다고 생각한 개념 목록들이 포함된다. 언어 관습들의 사용은 문화적 공통 기반으로 공유되었다. 이는 언어 관습들이 인간의 집단의식과 순응성에 힘입어 규범적인 '공동체 기준'에 의해 적절한 사용을 통제받는다는 것을 의미한다. 이것은 특히 언어를 습득한 아이들이 언어 관습들로 세계를 표현할 때에도 어떻게든 자연스럽게 보이도록 만들었다.

그리고 언어 관습의 임의성은 **정의**나 **협박**처럼 분류학적인 도식이 아니라 주제별로 또는 서사적으로 정의된 사물을 도식화하는 매우 추상화된 개념화 능력을 창조했거나 최소한 촉진했다. 언어기호의 임의성은 또한 **개방**이나 **휴식**처럼 특정한 상황에 한정되지 않고 상대적으로 구체적인 용어를 더욱 추상적인 개념으로 이끌었다. 가장 중요한 것은, 언어 관습들과 그 상호 관계의 관습적인 성질 때문에 하나의 참조 대상을 전혀 다른 양태를 가진 개념들로 표현할 수 있게 되었다는 점이다. **가젤, 동물, 저녁식사**와 같이 전혀 다른 모습으로 개념화가 가능할 때, 개인이 도구적 행위를 위해 개념화한 세계와 관습 언어를 사용해서 다양한 방식으로 개념화한 세계 간에 간극이 생기는데, 이는 초기 그리스인들부터 벤저민 리 워프Benjamin Lee Whorf에 이르기까지 많은 사람이 언급해 왔던 것이다.

**명제적.** 현대 인류는 언어 관습들을 조합하여 함께 사용하기 시작했는데, 조합하는 방식에 따라 일종의 언어적 형태gestalt로서의 추상적 언어 구문이 생겨났다. 많은 언어 구문은 구문 내에서 특별한 역할을 2차 기호로 표시함으로써 명제 전체를 개념화한다. 명제 수준의 언어 구문은 관점적(예컨대 능동적 vs. 수동적)이며, 한 요소(주어)는 개념화된 상황을 들여다보는 창문을 제공한다. 언어 구문의 추상성은 특히 창조적인 개념적 조합을 가능케 해, 우리는 행복한 태양에서부터 달에 사는 토끼에 이르기까지 모든 종류의 가상의 사물과 상황을 떠올릴 수 있다. 언어 구문은 다양한 종류의 은유적 표현을 가능케 한다. 구조적 유추는 다른 것을 '압도하는' 생각에서부터 자유 시간을 '먹어치우는' 활동에 이르기까지 생각의 새로운 프레임을 제공한다. 언어 구문에서 다양한 종류의 의사소통 동기와 태도를 명시적으로 표현함으로써 경험을 객관적인 관점에서 볼 수 있게 되었는데, 특정 개인의 욕구나 태도와는 무관한 사실적 명제 내용을 제시했기 때문이다.

언어 구문을 통해 현대 인류는 자신이 객관적인 사실이라고 믿는 특정한 일화적 사건에 대해서, 또는 더 중요하게는 일반적인 사건이나 유형적인 사실에 대해서 주장하기 시작했다. 그들은 특히 규범적인 강제(공공장소에서는 그것을 하지 않는다)와 교육(그것을 이런 식으로 작동한다)으로 그러한 주장을 했다. 이러한 주장에 따르는 일반성은 배경으로 삼고 있는 규범적인 '집단의 목소리'에서 온 것이며, 주장에 개인을 초월한 객관성을 부여한다.

**'객관적.'** 초기 인류는 제각각 개인적인 관점의 세계에서 살았다. 현대 인류도 이러한 세상에서 살고 있기는 하지만, 집단 문화라는 맥락에서 관습, 규범, 결혼이나 화폐, 정부처럼 집단적으로 창조한 제도로 공공의 세계를 구축했다. 이러한 제도들은 개인에 우선하여 존재했으며, 한 개인의 생각이나 욕구와는 별개로 존재했기 때문에 물리적 세계처럼 '항상 이미 존재하는' 것이었다. 그리고 이러한 집단적 제도는 참여자들의 역할을 미리 설정한다. 실제로 그러한 역할들이 새로운 실체를 만들어 내기도 하는데, 이를테면 대통령이나 화폐처럼 실제 권력을 가지는 경우를 쉽게 볼 수 있다. 이러한 공공의 세계가 돌아가려면 개인이 주체 중립적이고 특권적이고 '초월적'인 관점으로 세계를 '객관적'으로 구성할 수 있어야 하고, 참과 거짓, 옳고 그름에 대한 개인적인 판단을 정당화할 수 있어야 한다.

현대 인류 개인들이 세계에 대한 인지적 모델을 구축할 때 단순한 인과와 지향적 관계로는 충분하지 않았다. 언어와 문화는 말할 것도 없고, 족장 및 결혼과 같은 것들을 설명하기 위해서는 집단의 합의로 만들어지고 집단적인 규범과 판단으로 유지되는 것들에 대한 이해가 필요했다. 다른 말로 하면, 개인들의 생각과 태도를 초월한 집단적 실체에 대한 새로운 개념이 필요했다. 그러한 개념들 덕분에 **실제, 참, 옳음**을 개인적인 관점으로 판단하지 않고, 문화적 세계에서 생겨난 개인 초월적이고 '객관적'인 관점으로 판단하게 되었다. 언어 표현, 특히 화자의 양자 간 태도와 시간을 초월한 일반적인 명제 내용(예컨대 나는 비가 올 것이라고 생각한다)을 구별하는 주장은 객관화와 구체화 엔진에 추가적인 동력을 보탰다. 그렇게 현대 인류는 초기 인류의 삶의 방식을 '집단화'하여 세계에 대한 인지적 모델을 '객관화'했다.

## 성찰적 논증

인간과 유인원의 공통 조상은 간단한 인과적 관계와 지향적 관계를 추론할 수 있었다. 초기 인류는 재귀적인 추론과 손가락 지시로 협력적 의사소통을 할 수 있었다. 그러나 오늘날 현대 인류의 언어적 의사소통은 추론과 논증의 새로운 가능성을 열었다. 현대 인류는 형식적이면서도 실용적인 추론을 할 수 있게 되었으며, 외적인 의사소통 수단으로 객관적이고 규범적인 관점에서 성찰할 수 있게 되었다. 그리고 다른 사람에게(또한 스스로에게) 타당한 이유를 제시함으로써 개인의 다양한 관념을 단일한 추론의 망과 연결했다.

**언어적 추론.** 서로 다른 언어 관습이 가리키는 지시물 사이에 생기는 계층적 관계는 관습의 일부다. 일반적인 동물은 **동물**이라 하고, 특정 종을 가리켜 **가젤**이라 한다는 것은 집단 구성원들 모두가 알고 있는 사실이다. 이런 전제를 공유하기 때문에, 인류는 형식적 추론을 할 수 있게 되었다. 언덕 위에 가젤이 있다는 사실을 알고 있다면, 언덕 위에 동물이 있다는 사실을 알고 있는 것이다(그러나 그 역은 성립하지 않는다). 초기 형식 논리의 대부분은 이러한 유형의 추론을 바탕으로 이루어졌으며, 현대의 개념적 역할 의미론conceptual role semantics에서도 이러한 유형의 추론이 중요한 역할을 한다. 활용 가능한 언어 목록을 집단 구성원이 모두 알고 있다는 사실도 중요하다. 이는 허버트 폴 그라이스Herbert Paul Grice(Grice, 1975)에 의해 알려진 실용적 추론으로 이어진다. 누가 옆 사람을 가리켜 '지인'이라 한다면 친구가 아니라는 뜻이다. 친구라면 **친구**라고 불렀을 것이다. 활용 가능한 단어 목록이 집단의 문화적 공통 기반에 속하기 때문에, 특정 단어를 선택한 이유에 대해 함축과 추론이 가능한 것이다. 따라서 관습언어 커뮤니케이션은 새로운 종류의 강력한 추론을 가능케 한다.

　그리고 언어적 의사소통과 언어 관습들의 임의적인 특성 덕분에 초기 인류는 자연적인 제스처로는 쉽게 표현하기 어려웠던 개념들, 예컨대 마음 상태나 논리 연산 같은 것들을 명시적인 언어로 표현할 수 있게 되었다. 자신의 생각을 다른 사람에게 표현할 때만 성찰할 수 있다는 가설에 기초하여―다른 사람의 역할과 관점에서 자신의 생각을 이해하려고 시도할 수 있게 되므로―현대 인류는 언어적 커뮤니케이션을 통해 생각을 성찰할 수 있는 새로운 가능성을 열었다. 무엇보다 현대 인류는 자신의 생각을 성찰적으로 생각할 때, 적어도 일부 상황에서는 단지 자신이나 다른 사람의 관점이 아니라 좀 더 '객관적인' 관점에서 성찰했다.

**성찰적 추론.** 협력적 논증은 행동이나 믿음에 관해 공동으로 결정을 내리려고 할 때 발생하는 특별한 대화다. 우리는 주장을 하는 데 그치지 않고 논증과 근거를 통해 주장을 뒷받침하여, 이미 집단이 합의한 것들과 연관 짓는 작업을 한다. 이 과정의 결과로 현대 인류의 다양한 개념과 생각이 광대한 '신념의 망'에서 서로 연결되었고, 각각의 개념은 다른 개념들과의 추론적 관계에서 의미를 획득했다. 명제로 구조화된 개념들의 상호 연관성은 이유와 근거를 주고받는 전체 개념 체계에 '밝은' 이성적인 사람의 핵심 구성 요소다(즉, 개념들은 논증에서 서로에 대한 전제와 결론으로 사용될 수 있다. Brandom, 2009).

그리고 현대 인류가 협력적 논쟁을 하기 시작하면서 암묵적으로 받아들이는 규범들이 생겼다. 이러한 규범들에 근거하여 스스로 모순적이거나, 논쟁 중에 용어의 정의를 바꾸거나, 참이기도 하고 거짓이기도 한 주장을 하는 사람들을 집단 의사 결정 과정에서 무시하거나 제외했다. 협력적 논쟁 과정은 언어 게임이었으며, 집단적 결정(예컨대 정치, 사법, 인식론적 결정)에서 목소리를 내고자 하는 모든 사람들은 규범의 통제 아래 있었다.

이 모든 과정은 내면화될 수 있다. 내면화는 자기 자신을 대상으로 의사소통하는 것이며, 이해 가능성을 판단하는 '객관적인' 규범과 협력적 참여 등을 포함한다. 내면화의 결과로 나타난 내적 대화는 특히 두드러진 인간의 사고 유형이다(Vygotsky, 1978). 협력적 논쟁에서는 논증과 정당화를 위한 전체 대화 내용이 내면화된다. 이제 사람들은 자신이 왜 그렇게 생각하는지에 대해 규범적인 이유를 스스로 제시할 수 있게 되었으며, 한 개인의 생각은 다른 개념들과 규범에 의한 추론 관계로 정의되었다. 그렇게 만들어진 신념의 망을 탐색할 수 있는 능력을 통해 개인적 논증에 참여할 수 있다.

이제 현대 인류는 원숭이처럼 단지 인과적이거나 지향적인 관계를 생각하거나 초기 인류처럼 관점화하고 재귀화하는 것이 아니라, 관습적인 언어 덕분에 새롭게 가능해진 추론을 하고, 내적 대화를 통해 자신의 생각을 성찰하는 새로운 방식을 활용할 수 있게 되었다. 이러한 과정이 협력적 논쟁이라는 특수한 맥락에서 작동할 때, 논증이라 할 수 있는 것이 결과로 나타난다. 현대 인류는 문화집단의 규범적 기준의 맥락에서 논증을 제시하고 성찰적으로 추론할 수 있게 되었다.

## 규범적인 자기관찰

초기 인류는 우리가 협력적 자기관찰이라고 부른 것(특정 파트너의 평가에 의해 그들의 협력적 활동을 조정하는 것)과 의사소통적 자기관찰(특정 파트너의 해석을 예측하여 의사소통 행위를 조정하는 것)에 참여했다. 현대 인류는 문화적인 삶의 방식을 통해 집단의 문화적 규범에 따라 행동 결정을 내리게 되었다. 따라서 현대 인류는 의사 결정 과정에서 양자 간 압력을 느낄 뿐만 아니라 집단의 규범적 압력까지 느낀다. 약속을 지켜야 하는 이유는 첫째로 파트너를 실망시키지 않기 위해서이고, 둘째로 집단의

'우리'들이 그렇게 행동하지 않기 때문이다. 이러한 규범이 좀 더 일반화되면 집단 정체성이 된다. 집단의 일원이 되고 싶다면, 그들처럼 행동해야 한다. 즉, '나'를 포함한 집단 안의 모든 사람들이 결정한 규범을 따라야 한다.

현대 인류의 생각과 논증은 규범적으로 다양한 방식으로 구조화되고 규제된다. 다른 사람과의 의사소통에 참여하려면 관습을 따라야 한다. 집단적으로 의사 결정을 하거나 협력적 논쟁을 할 때는 논쟁의 규칙에 동의해야 한다. 집단 의사 결정에 참여하는 사람들은 '내'가 유용한 역할을 해내길 원하기 때문에, 추론과 논쟁의 규범을 따르고 집단적으로 합의된 명제 및 주장과 연결함으로써 정당화된 참된 주장을 하길 원한다. 내면화를 통해, 이러한 의사소통 과정은 개인적인 논증으로 발전한다.

**규범적인 자기통제.** 집단적 규범이 작동하는 과정을 개인적 자기감시로 내면화함으로써 규범적인 자기통제가 생긴다. 실제로 집단의 사회적 규범을 고려하여 행동을 스스로 조절한다. 현대 인류는 자기 자신과 의사소통하고 집단의 규범적 기준으로 자신의 생각을 성찰하고 평가한다. 이러한 성찰 덕분에 자신이 생각하는 것을 인식하며, 성찰을 통해 자신의 생각에 대해 규범적으로 공인된 근거와 논증을 스스로에게 제시할 수 있게 된다. 따라서 사람들은 어느 정도 '집단의 기준'에 의해 관리되는 복잡한 추론의 망에서 다양한 생각들을 연결한다. 생각의 주체는 자신의 생각과 추론을 통제할 때에도 이러한 성찰을 사용한다. 특히 크리스틴 코스가드Christine Korsgaard(Korsgaard, 2009)는 의사 결정 과정에서 성찰과 평가 과정이 분명히 존재한다고 강조했다. 인간이 단지 목표를 설정하고 특정한 방식으로 결정하고 논증할 뿐만 아니라 그 목표가 좋은 것인지, 좋은 결정인지, 좋은 이유가 있는 것인지를 미리 평가하려고 시도한다는 것이다. 그리고 이러한 규범적 판단은 단순히 혼자만의 판단이나 특정 파트너의 판단이 아니라, 그가 속한 집단의 합리적인 누구에게라도 좋은 목표, 좋은 결정, 좋은 이유인지에 대한 판단이다.

따라서 현대 인류는 내면화된 안내자로서 행동할 때나 생각할 때나 집단의 사회적 규범을 적용한다. 이것은 협력적 상호작용에서 협력의 규칙에 근거하여 집단의 공인된 방식을 따르고, 의사소통 상호작용에서 논증의 규칙에 근거하여 집단의 공인된 언어 사용 방식을 따르고 언어로 구성된 논증을 해야 한다는 것을 의미한다.

## 객관성: 특정한 시점이 없는 관점

다른 유인원들이 적도 부근에서 살고 있는 것과는 달리, 현대 인류는 지구 곳곳으로 이주했다. 현대 인류는 개인이 아니라 문화적 집단을 이루어 이주를 해왔다. 인간 개인은 한 서식지에서 혼자 힘으로 오랫동안 생존할 수 없다. 그 대신에 각각의 특정한 환경에서 현대 인류의 문화집단은 바다표범 사냥이나 이글루 건설, 덩이줄기 수확이나 활과 화살 제조와 같은 전문적이고 복잡한 문화 관행을 함께 개발했으며, 과학과 수학도 만들었다. 나는 이 책에서 현대 인류가 새로운 위급 상황에 대응하기 위해 동료들과 협력적으로 의사소통하며 조정 문제를 해결해 왔던 인지와 생각의 기술을 밝혀 보려고 하는 것이다.

그러면 현대 인류의 출현 이전으로 거슬러 올라가 보자. 초기 인류는 다양한 공동 목적을 위해 다양한 방식으로 다른 사람들과 협력하고 소통하면서 꽤 잘 살고 있었다. 그런데 심각한 인구문제에 직면하여 집단의식과 순응성의 큰 물결이 인류 사회를 뒤덮었다. 파트너와 자발적으로 협력하여 매일의 식량을 사냥하거나 수확하던 인간들은 관습적인 문화 관행을 개발하기 시작했다. 즉각적인 제스처를 사용하여 복잡한 협력 활동을 조정하면서 파트너와 자발적으로 커뮤니케이션하는 인간들은 관습언어를 개발하기 시작했다. 그리고 다양한 방식으로 양자 간 협력을 하던 사람들은 집단적으로 도덕과 합리성에 관한 사회적 규범을 개발하기 시작했다. 초기 인류는 함께 살았고 다른 사람들과 공동으로 상호작용했다. 현대 인류는 함께 살고 다른 사람들과 집단적으로 상호작용한다.

집단의식과 순응성의 큰 물결이 가져온 한 가지 결과는 누적된 문화 진화에 의한 문화집단선택이었다. 문화집단선택은 집단 자체가 자연선택의 단위가 될 수 있을 정도로 구성원들이 집단에 순응하고 다른 집단과 자신들을 구분할 때 발생한다(Richerson and Boyd, 2006). 성공적인 문화적 적응은 유지되고 실패한 시도들은 사라진다. 문화집단에서 발명품이 새롭게 개선된 발명품이 나올 때까지 안정적으로 유지되면서 잘 전달될 때 누적적인 문화적 진화가 이루어진다(이른바 톱니효과라 불리는 것이다. Tomasello et al., 1993). 현대 인류는 초기 인류나 유인원보다 더 강력한 톱니바퀴를 가지고 있다. 현대 인류는 강력한 모방기술과 함께 다른 사람을 가르치고 순응하는 성향이 있기 때문이다. 그리고 집단 지향성과 순응성이 인류 사회를 뒤덮으면서 고래 사냥절차에서부터 미분 방정식 풀이에 이르기까지 다양한 인지적 인공물을 창조하고 꾸준히 개선하는 문화집단이 생겨났다. 이러한 인지적인공물 덕분에 지역적 상황에 적응하고 다른 문화 집단과 식별될 수있었다.

집단의식과 순응성의 물결이 가져온 보이지 않는 효과는, 이를테면 집단적인 인지적 표상, 추론, 자기관찰이 새롭게 생각을 구성하게되었다는 것이다. 현대 인류는 세계를 '객관적으로' 표상하기 시작했고, 일반적이고 주체 중립적인 시점에서 성찰하기 시작했다. 더 나아가, 새로운 관습언어 커뮤니케이션 기술을 통해 이전에는 표현할 수없었던 것들(예컨대, 마음 상태 및 논리 연산)에 대해 이야기할 수 있게 되었다. 그리고 더 깊고 폭넓은 성찰적 추론(자신의 생각에 대해 생각하는 것)을할 수 있게 되었다. 협력적 논쟁의 맥락에서, 현대 인류는 자신의 주장에 대한 근거를 명시적으로 제시했다. 그에 따라 자신의 생각을 추론의 망에서 다른 지식들과 연결하고 근거를 제시하는 사회적 관행이 내면화되어 완전히 성찰적인 논증이 가능해졌다. 그리고 현대 인류의 자기관찰은 특정인과의 양자 간 평가가 아니라 문화집단으로서'우리'의 규범적 평가를 반영하게 되었다. 이러한 새로운 행동과 사고

방식을 모두 감안할 때, 인간의 경험은 이제 돌이킬 수 없이 달라졌다. 더 이상 자신의 관점을 특정한 다른 사람의 관점과 대조하지 않고, 어떤 특정한 시점에서가 아닌 가능한 모든 시점에서의 관점으로 사실과 참을 객관적으로 구분할 수 있게 되었다.

도덕적인 측면에서 볼 때, 협력 상황에서 개인의 이익은 다른 사람이나 집단의 이익에 의해 침해당할 수 있다. 그리고 인지적인 측면에서 볼 때, 협력적 사고에서 개인의 관점은 더 '객관적'인 집단의 관점에 순응해야 한다(Piaget, 1928). 따라서 협력 커뮤니케이션에서는 상대방의 관점을 항상 존중해야 하고, 협력적 논증에서는 서로 동의한 객관적인 현실을 비롯한 합리성에 관한 규준으로 보았을 때 다른 사람의 논리가 더 좋다면 그 논리와 논증을 수용하고 자신의 주장을 포기할 수 있어야 한다. 토머스 네이글Thomas Nagel(Nagel, 1986, p.4)에 따르면, "객관성은 이해의 방법이다. (…) 인생이나 세계의 일부 측면을 더 객관적으로 이해하기 위해 우리는 초기 관점에서 뒤로 물러나 그 관점과 세계와의 관계를 포함하는 새로운 개념을 형성한다. 이 과정이 반복되면서, 한층 더 객관적인 개념을 갖게 된다." 여기서 '객관성'은 사물을 더 넓은 관점에서, 또한 자신의 관점을 다른 관점에 끼워 넣듯이, 재귀적으로 더 포괄적인 관점에서 생각할 수 있을 때 생기는 결과다. 좀 더 포괄적인 관점이라는 것은 좀 더 넓은 관점, 일반적인 개인이나 사회적 집단의 관점, 아무개의 관점을 의미한다.

따라서 현대 인류의 진화에서 기념비적인 두 번째 단계는 이미 협력화되고 관점화된 초기 인류의 생각이 집단화하고 객관화된 것이다. 초기 인류는 미드(Mead, 1934)가 '중요한 타인significant other'이라고 부른 타인의 관점을 내면화했지만, 현대 인류는 미드가 '일반화된 타인generalized other'이라고 부른 집단 전체 또는 아무개의 관점을 내면화했다. 인간의 생각은 더 이상 개인적인 과정이나 양자 간의 사회적 과정이 아니며, '내가 생각하는 것'과 '어느 누구든 생각해야 하는 것' 사이의 내면화된 대화가 된 것이다(Sellars, 1963). 인간의 생각은 이제 집단적·객관적·성찰적·규범적이 되었으며, 이는 완전히 무르익은 인간의 생각이 출현했음을 의미한다.

5장

# 협력에 기원을 둔
# 인간의 생각

인간만의 전유물, 생각에 깃든 사회성

사회적인 기원을 가지고
역사 속에서 발전한 행위들의 내면화는
인간 정신의 고유한 성질이다.
**레프 비고츠키**, 《마인드 인 소사이어티(Mind in Society)》

인간의 인지능력과 생각은 다른 영장류보다 매우 복잡하다. 인간의
사회적 상호작용과 조직 역시 다른 영장류보다 매우 복잡하다. 이것
을 우연의 일치라고 보기는 어렵다.

물론 인간의 인지능력이 복잡한 사회를 지탱할 정도가 아니었다
면 인간 사회는 붕괴하고 말았을 것이다. 그러나 인간의 인지능력과
사회를 인과관계로만 이해하면 진화적 기원을 설명할 수 없다. 인지
능력이 진화하려면 강력한 인지능력을 요구하는 행동 영역이 있어야
하고, 그러한 행동이 사회문제를 해결할 수 있어야 했을 것이지만 어
떤 행동 영역이 진화를 이끌었는지는 분명하지 않다. 이를테면, 도구
사용이나 사냥 등을 위해 적응한 인간의 인지능력이 문화적 관습, 규

범, 제도를 포함하여 인간 특유의 협동과 의사소통을 만들고 복잡한 기업의 형태로까지 진화했다고 보기는 어렵다.

가장 그럴듯한 진화적 시나리오는 새로운 생태적 압력(개인적으로 구할 수 있는 식량이 줄고 인구가 증가하고 다른 집단과의 경쟁이 심화된 것)이 인간의 사회적 상호작용과 조직에 직접적으로 작용하여 더 협력적인 생활방식(예컨대 수렵을 위한 협력, 집단 조정과 방어를 위한 문화 조직)으로 진화했다는 것이다. 새로운 협력 문화를 조정하기 위해서는 다른 사람들과 협력하기 위한 새로운 기술과 동기가 필요했다. 그러한 과정이 공동 지향성에서 집단 지향성으로 이어졌다. 생각은 협력을 위한 것이다. 이것이 광범위한 의미의 지향점 공유 가설이다.

그러나 인간의 생각에 대한 나의 진화 이야기는 간단하지 않다. 인간 특유의 협력 및 커뮤니케이션과 연관된 사고 과정의 여러 다른 면을 구체적으로 상세하게 설명하려고 노력했기 때문이다. 나와 같은 관점에서 인간 생각의 진화를 기술한 다른 진화 이론은 보지 못했다. 그러나 인간 특유의 인지능력과 사회성에 관한 진화적 설명이 많이 있으며, 기존의 이론들을 살펴봄으로써 지향점 공유 가설의 위치를 확실히 보여줄 수 있을 것으로 기대한다.

# 인간 인지의 진화 이론들

인간의 인지와 생각을 특별하게 만드는 것이 무엇이냐는 질문을 받으면, 많은 인지과학자들은 '일반지능general intelligence'이라고 대답할 것이다. 그들은 인간이 매우 큰 두뇌(다른 대형 유인원의 약 3배)를 갖도록 진화했고 뇌가 커질수록 더 많은 계산 능력을 갖게 되었기 때문에, 생각을 포함한 모든 종류의 인지능력을 발휘할 수 있게 되었다고 설명한다. 그러나 이러한 설명이 어떤 의미에서는 사실이라 할지라도 인지능력이 어떻게 진화했는지에 대해서는 여전히 답을 주지 못한다. 똑똑한 것이 멍청한 것보다 적응력이 뛰어나기 때문에 인간이 똑똑해졌을 뿐이라고 얘기하는 것은 전혀 그럴듯하지 않다. 이것은 터무니없는 설명이다. 걷기도 하고 날기도 하는 것은 걷기만 하는 것보다 좋다. 그런데 왜 인간은 날지 못할까? 그럴듯한 진화적 설명이라면 특정한 인지 기술을 보유한 개체가 특정한 이점을 갖는 특정한 상황에서의 적응적 시나리오를 제시해야 한다.

일반지능에 관해서는 최근의 한 실험이 나의 사회적 가설을 뒷받침하는 것 같다. 에스터 허먼Esther Herrmann과 동료들(Herrmann et al., 2007, 2010)은 인간의 가장 가까운 영장류 친척인 침팬지와 오랑우탄, 그리고 2.5세 아이들을 대상으로 물리적 세계와 사회적 세계를 다루는 능력을 평가하는 대규모 인지 실험을 했다. 인간과 유인원의 인지능력이 일반지능에서 차이가 난다면 아이들은 서로 다른 모든 과제에 걸쳐 유인원과 일정한 차이를 보여야 할 것이다. 그러나 그렇지 않았다. 물리적 세계를 다룰 때 인간 유아와 유인원은 매우 유사한 인지 능력을 보였지만, 아이들(언어를 사용할 줄 알지만 아직 책을 읽거나 수를 세지 못하는 미취학 아이들)은 이미 사회적 세계를 다루는 데에서 유인원보다 정교한 인지능력을 가지고 있었다. 따라서 인간이 다른 유인원보다 거의 모든 면에서 똑똑한 이유를 일반지능의 차이에서 찾기보다는 협력하고 소통하고 문화 속에서 다른 사람으로부터 새로운 것을 배우기 위해 특별한 기술을 사용하면서 자랐기 때문이라는 가설이 살아남는 다(Herrmann and Tomasello, 2012).

이와 유사하지만 약간 다른 주장도 살펴보자. 일반지능만큼 광범위하지는 않지만 여러 분야에 공통적으로 활용되는 지능이 인간과 다른 영장류를 구별 짓는 기준이 된다는 것이다. 펜과 동료들(Penn et al., 2008)이 가장 체계적인 설명을 제시했는데, 그들은 다양한 고차원적 관계를 이해하고 추론할 수 있는 능력이 인간을 다른 영장류와 구분 짓는 점이라고 했다. 그들이 인용한 대형 유인원 실험에 대해서는 논쟁이 있기도 했지만, 인간과 유인원이 여러 활동 영역에서 다양한 문제를 다루는 능력의 차이를 전반적으로 예측한다는 점에서 문제가 있다. 이것 역시 허먼(Herrmann et al., 2007, 2010)의 실험에서 관찰된 결과와는 부합하지 않는다. 더구나 펜은 관계적 개념을 다루는 인간의 특별한 능력이 어떻게 진화했는지 설명하지 못한다. BOX1(3장, 75쪽)에서 인간의 정교한 관계적 사고에 대한 다른 이론을 소개했는데, 관계적 사고가 다양한 유형의 공동 목적을 달성하기 위해 개인의 역할을 인지하는 것에서부터 비롯된다는 것이었다. 따라서 이 특별한 유형의 관계적 사고는 새로운 형태의 사회적 상호작용에 인지적으로 적응하는 과정에서 나온 하나의 부산물일 뿐이다. 마이클 C. 코발리스 Michael C. Corballis(Corballis, 2011)는 재귀, 특히 언어로 표현될 때의 재귀적인 특성, '정신적 시간여행mental time travel', 그리고 마음 이론이 인간 특유의 인지능력의 핵심 요소라고 주장했는데, 이에 대해서도 비슷한 이야기를 할 수 있다. 재귀적인 특성은 내 이론에서도 중요한 개념이지만, 나는 이것이 전부가 아니라고 다시 한 번 강조하고 싶다. 재귀 과정 또한 인간이 협력 커뮤니케이션(명시적 추론 커뮤니케이션)을 하기 위해 겪어 온 과정의 부산물이다.

인간 특유의 인지능력을 설명하는 두 번째 가설은 언어와 문화를 끌어들인다. 언어의 경우, 일부 학자들은 언어를 가능케 하는 독특한 계산 과정, 즉 재귀를 포함한 다양한 종류의 조합과 구문을 활용한 창조성에 주목했다(최신 연구로는 Bickerton, 2009를 참고하라). 철학적으로 접근한 학자들은 언어의 역할에 주목했다. 누군가 주장을 할 때 (과학과 수학, 그리고 아마도 법적·정치적 논쟁에서처럼) 근거를 들어 자신의 주장을 정당화하려고 하는데, 이것은 일종의 언어를 매개로 할 때만 가능하다는 것이다(Brandom, 1994). 물론 인간의 사고에서 언어의 중요성을 부인할 사람은 아무도 없으며, 언어는 내가 제시한 진화 이론의 두 번째 단계에서도 핵심적인 역할을 한다. 그러나 언어는 전체 진화 과정에서 상당히 늦은 시기에 나타났다. 사실 나는 공동 목적을 위한 초기의 진화적 적응(예컨대 공동 목적, 개념적 공통 기반, 재귀적 추론)으로 인해 언어가 만들어졌으며, 언어의 출현이 인간 활동이 관습화되고 규범화되는 거대한 과정의 일부였다고 생각한다(Tomasello, 2008). 언어를 고층 건물에 비유하자면, 다른 영장류들은 고층건물은커녕 안정적인 은신처조차 만들지 못한 것이며 인간만이 고층건물을 지을 수 있는 것이다. 언어는 인간 특유의 인지능력과 사고의 토대를 이루는 것이 아니라 결과로 나타난 성과물이다.

이와 다소 관련 있는 내용으로, 많은 사회인류학자와 인지인류학자들에 따르면 다른 영장류와 비교해 인간의 인지능력에서 가장 주목할 만한 점은 여러 집단에 걸쳐 나타나는 다양성이며, 이는 그 기반이 문화에 있다는 사실을 뒷받침한다(예를 들어 Shore, 1995; Chase, 2006). 더 급진적인 주장도 있는데, 여러 포스트모던 학자들은 인간의 모든 경험이 기본적으로 문화적 대화 과정으로 이루어지며, 따라서 인간 특유의 생각은 오직 문화적 프레임 안에서만 가능한 것이라고 주장해 왔다(예를 들어 Geertz, 1973). 다시 말하지만, 문화의 핵심 역할에 대한 이러한 주장들은 일반적으로 맞는 말이다. 그러나 그것으로 진화적 기원을 설명하기에는 충분하지 않다. 인간의 생각은 문화가 다양성을 꽃피우기 전부터 독특한 형태를 보였으며, 특히 인간 종에 전반적으로 나타나는 협업과 협력적 의사소통, 공동 목적의 진화로 인해 가능해졌다(이것은 언어를 배우기 이전의 아이들에게서 확인할 수 있다). 그리고 이 기술들은 문화의 진화와 발전을 가져왔다. 인간의 가장 고유한 특성에 기여한 문화집단선택의 역할을 주장했던 피터 J. 리처슨Peter J. Richerson과 로버트 보이드Robert Boyd(Richerson and Boyd, 2006)의 설명도 문화를 중요시한다. 다시 말하지만, 나의 진화 이야기에서 두 번째(문화적)

단계가 문화집단선택 과정을 불러왔다. 그러나 문화를 만들고 그 결과로 문화집단이 선택되려면 수많은 전제 조건이 있어야 하고, 그에 수반되는 (예컨대 순응성, 관습화, 규범화와 같은) 인간 특유의 능력이 선행되어야 한다. 문화는 관습적인 방식으로 만들어지기 때문에, 현대 인류 문화가 존재하기 위해서는 어떤 것들이 관습화되기 이전부터 '자연적으로' 복잡하고 근본적인 협력이 존재해야 했다.

나는 언어와 문화가 인간의 인지와 생각의 진화적 출현에 필수적이었다고 얘기하는 거의 모든 주장에 동의한다. 하지만 나는 단지 언어와 문화가 만들어지기 전부터 사회적이고 인지적인 과정(공동 지향성 및 집단 지향성과 관련된 것들)이 진화 과정에서 나타났다고 주장하는 것이다. 그러므로 나는 인간 생각의 진화를 처음부터 끝까지 설명하기 위해서는 초기에 나타난 부수적인 과정의 중요성을 인식해야 하며, 언어와 문화가 사회적 상호작용에서 어떻게 작용하는지 이해하려면 공동 지향성과 집단 지향성이 충분히 설명되어야 한다고 생각한다 (Tomasello, 1999, 2008).

셋째, 마지막으로 소개할 가설들은 진화심리학에서 기원한다. 존 투비John Tooby와 레다 코스마이즈Leda Cosmides(Tooby and Cosmides, 1989)는 특별하고 개별적인 문제를 해결하기 위해 고안된 특수 목적 모듈을 다양하게 구비하고 있다는 점에서 인간의 마음을 스위스 군용 칼에 비유했다. 초기 인류는 소규모 사회적 상호작용에서 이러한 문제를 맞닥뜨려야 했을 것이다. 진화를 거의 고려하지 않는 인지심리학은 특정한 적응적 도전과 그 문제들을 해결하기 위해 개발한 인지능력에 집중해야 한다. 그러나 실제로 진화심리학자들은 주로 짝 선택과 근친상간 회피처럼 인지와 관련 없는(또는 약간만 관련 있는) 문제에 집중하고 있다. 인지와 관련해, 투비와 코스마이즈(Tooby and Cosmides, 2013)는 인간의 인지능력이 진화한 역사의 흔적을 보여주는 다양한 사례가 있음을 영역별로 언급하는 데 만족했다. 예를 들어 추론의 영역에서, 인간은 진화적으로 겪어 온 환경과 유사한 사회적 맥락에서 제시되었을 때 논리 문제를 더 잘 풀 수 있다고 설명한다. 그리고 공간 인지 영역에서는, 여성들이 열매를 채집하기 위해 진화했기 때문에 남성보다 공간 기억 능력이 더 좋다고 설명한다. 시각 주의 영역에서, 인간은 동물의 행동에 특별한 주의를 기울인다. 그러나 이들은 아직까지 일반적인 인지 모듈에 대한 포괄적인 설명을 내놓지 못했으며, 특히 다른 영장류와는 다른 인간의 독특한 면을 설명하지 못했다.

인간 인지의 고유성을 설명하기 위해 모듈성과 적응성에 초점을 두고 좀 더 체계적인 시도를 하는 이론들이 있다. 첫째, 스퍼버(Sperber, 1996, 2000)는 인간이 다른 모든 동물종과 마찬가지로 직관적인 물리학이나 심리학 같은 일반 모듈과 함께, 뱀을 탐지하거나 얼굴을 인식하는 것과 같은 고도의 특수 인지 모듈을 가지고 있다고 했다. 이러한 것들은 스퍼버가 (증거를 무시하고 빠르게 작동하는) 직관적 신념intuitive beliefs이라 부르는 것을 뒷받침한다. 인간의 인지능력을 특히 강력하게 만드는 것은 메타표상을 가능케 하는 일종의 슈퍼모듈이다. 이는 세계를 인지적으로 표상할 뿐 아니라 다른 사람이나 자신의 세계에 대한 표상을 표상한다. 우리는 '명제적으로(구성적으로, 그리고 재귀적으로)' 표

상을 표상하고, 이는 스퍼버가 성찰적 확신reflective beliefs이라 부르는 것
으로 이어진다. 성찰적 확신은 근거에 기반한 믿음이나 자신이 신뢰
하는 사람의 믿음을 따르는 경우에 형성된다. 다른 동물들이 어쨌든
메타표상을 한다면, 그것은 구성성과 재귀성이 없는 매우 초보적인
방식일 뿐이다. (스퍼버는 세 가지 다른 메타표상 모듈이 있을지도 모른다고 생각하는
데) 이 메타표상 능력은 협력적(지시-추론ostensive-inferential) 의사소통, 교육,
문화, 논쟁 등 모든 것을 가능케 한다. 메타표상 능력은 별개의 언어
모듈과 공진화하고 상호작용했는데, 이것 또한 명백히 인간만이 가
진 특성이다.

피터 카루더스Peter Carruthers(Carruthers, 2006)는 표상과 추론을 비롯한
인간 외 영장류의 인지능력에 대한 설명을 제안하지만, '구획화'에 의
한 한계점도 강조한다. 인간의 인지능력은 훨씬 더 창조적이고 유연
한데, 인간의 진화 과정에서 부가 모듈이 추가되었기 때문이다. 가장
중요한 모듈은 마음 읽기(유인원보다 훨씬 뛰어나다), 언어-학습, 규범적인
추론 시스템이다. 이러한 모듈들은 동시에 적용될 수 있고, 작업기억
에서 행동을 계획하고 상상하는 창조성을 진화시켰다. 그러한 능력
으로 다른 모든 모듈이 더욱 유연하게 상호작용할 수 있게 되었다.

스티븐 미슨Steven Mithen(Mithen, 1996)은 인위적 산물의 기록과 밀접한
관련이 있는 인지능력 진화에 관한 체계적인 모듈 이론을 제시했다.
그는 초기 인류가 수천 년 동안 똑같은 도구를 사용하고 상징적인 행
동을 하지 않는 등 상대적으로 인지능력이 제한적이었다는 점에서
현대 인류와 구분하는데, 이는 초기 인류의 개별적인 인지 모듈이 다

른 대부분의 동물과 마찬가지로 서로 통합되지 않아서였다고 설명한다. 초기 인류는 도구를 활용하는 지능, 동물에 관한 지능, 사회적 지능을 가지고 있었으나 각 모듈이 상호작용하지 않았으며, 현대 인류는 상징과 언어로 이러한 모듈들을 연결했고 현대 인류의 생각과 관련된 일종의 '인지적 유동성cognitive fluidity'을 확보하게 되었다는 것이다.

이 모든 진화심리학 이론들은 공통적으로 인간이 아닌 영장류, 심지어 초기 인류조차 모듈이 매우 구획화되어 있어 인지능력이 상대적으로 좁고 유연하지 않았으며, 반면에 현대 인류의 인지능력은 여러 모듈이 (메타표상, 상징과 언어, 또는 작업기억에서의 창의적 상상과 같은 수평적 과정을 통해) 서로 의사소통하고 함께 작동하기 때문에 더 넓고 유연하다고 주장한다. 또한 (아마도 초기 인류를 포함하여) 인간 외 동물들이 단지 시스템1의 직관적 추론을 활용하는 반면에, 현대 인류는 생각에 기반한 시스템2의 성찰적 추론을 함께 사용한다고 설명한다. 그러나 현대 인류를 제외한 동물의 모듈성에 관한 이러한 관점은 대형 유인원 실험에서 관찰된 결과와 일치하지 않는다. 대형 유인원들이 단지 구획화된 모듈에만 의존한다는 증거는 없으며, 나는 2장에서 그렇지 않다는 증거를 제시했다. 대형 유인원들은 물리적·사회적 영역 모두에서 행동하기 전에 종종 시스템2 프로세스를 활용한다. 유인원들은 추상적 표상, 단순한 추론, (물리적 인과율 또는 사회적 지향성에 의해 형성된) 원형 논리 패러다임을 사용한다. 내가 보기에 모듈 이론에 근거하여 인간의 생각이 유연하다고 주장하는 것은 실험적 증거에 부합하지 않는다.

또한 학자들이 이야기하는 특정 모듈이란 것이 사실은 많이 다르다. 뱀이나 사람 얼굴을 인식하는 모듈과 기술적 지능이나 규범적인 추론은 매우 다른 층위에서 작동한다. 아마도 더 체계적이고 포괄적인 문제점 목록을 나열할 수 있겠지만, 모듈화 이론들의 문제는 하나의 모듈에서 하나의 진화적 기능을 찾아내는 것을 넘어 그 기원을 묻지 않는다는 점이다. 진화 과정에서 새로운 기능은 종종 기존의 구조에 덧붙여지며, 새로운 방식으로 결합될 수 있다. 예를 들어 규범적 추론을 위한 모듈은, 개인적 추론을 하고 다른 사람과 집단에 순응하고 다른 사람을 평가하고 그들의 평가에 신경 쓰고 협력적 의사소통을 하고 그 밖의 기술들을 만드는 초기 기술과 동기로부터 진화했을 것이다. 하나의 진화적 기능에서 출발해 ('역공학reverse engineering'으로 해부하듯이) 현대 인류의 인지 구조를 살펴보는 방식으로는, 진화가 진행됨에 따라 기존의 구조들을 수선하면서 새로운 기능들이 만들어지는 진화의 과정을 기술할 수 없다. 진화의 동적인 측면은 '공통 조상'을 통해 많은 인지 기능이 서로 깊은 관계를 가진다는 것을 의미한다. 예를 들어 공동 수렵과 같은 복잡한 적응 행동은 공동 목적을 설정하는 기술은 말할 것도 없고 빠른 달리기, 정확한 던지기, 숙련된 추적과 같은 개별 능력을 필요로 하는데, 각각은 다른 진화적 기능을 갖는다. 짝 선택이나 포식자 탐지처럼 즉각적이고 시급한 적응 문제를 해결하고 나면, 이러한 여러 인지 기술이 서로 어떻게 연관되는지를 이해하기 위해 계층적 구조를 파악하는 것이 중요하다.

따라서 나는 정적인 건축이나 공학적인 관점을 암시하는 모듈이라는 단어를 사용하지 않으려고 한다. 그보다는 동적인 진화 과정을 암시하는 적응이라는 단어를 선호한다. 적응은 매우 특정한 기능을 타깃으로 한다. 우리는 이를 적응적 전문화(예컨대 거미줄을 짜는 거미)라는 행동학적 개념으로 설명하는데, 이는 모듈 개념과 매우 유사하다. 그러나 다른 적응들은 처음부터 또는 시간이 지나면서 확장되어 광범위하게 적용될 수 있다. 예를 들어, 대형 유인원은 특별히 도구 사용을 위해 적응하지는 못한 것으로 보인다. 고릴라도, 보노보도 야생에서 도구를 사용하지 않는다(오직 일부 오랑우탄만 도구를 사용한다). 그러나 모든 대형 유인원은 야생이 아닐 때 적절한 상황이 주어지면 도구를 꽤 능숙하게 사용한다. 따라서 유인원은 필요할 때 도구를 사용할 수 있도록 사물이 작동하는 인과관계를 이해하는 적응을 거친 것으로 보인다(반면에 일부 조류 종에서는 특별히 도구 사용에 적응하여 진화한 경우도 있다).

이러한 맥락을 따라 가다 보면 영역과 상관없는 진정한 수평적 능력이 존재하는지 궁금해진다(비유하자면 공간이나 수를 다루는 구체적인 내용은 수직적이고, 표현·기억·추론과 같은 일반적인 프로세스는 수평적이다). 모듈 이론을 지지하는 일부 학자들은 겉보기에 수평적인 능력이 하나의 영역 일반적인domain-general 과정이라기보다는 오히려 각 모듈이 다른 모듈과 관련 없는 자체적인 연산을 수행한다고 생각한다. 나는 이러한 관점이 복잡한 적응에서 계층적인 구조의 중요성을 간과하고 있다고 생각한다. 인지적 표상, 추론, 자기관찰과 같은 과정들이 상당히 좁은 행동 전문화의 맥락에서 초기에(일부 척추동물 조상에서) 진화했을 수 있다. 그러나 새로운 종이 진화하면 새롭고 복잡한 문제에 직면하고, 인지적 표상과 추론, 자기관찰 같은 과정들이 다른 많은 적응의 하위 구성 요소로 사용되기 위해 함께 채택된다. 이러한 공동 채택 과정은 대형 유인원과 인간처럼 매우 유연한 생명체에서 특히 중요하며, 실제로 이러한 과정이 광범위하게 발생하여 유연한 인지능력이 가능해졌을 것이다.

마지막으로, 지향점을 공유하기 위한 인간의 기술과 동기가 인간의 전형적인 인지적 적응을 대표하지 않는다는 점을 반드시 짚고 넘어가야 한다. 초기 인류는 개별적 인지능력을 가지고 있었지만, 공동 관심을 기울이고 공동 목표를 위해 다른 사람들과 조정하려는 시도를 시작했다. 이러한 조정 문제가 쉽게 해결되지는 않았지만, 오히려 초기 인류는 완전히 새로운 운영 방식의 가능성을 열었다. 특히 표상과 추론 과정을 개선하여 그들이 경험한 거의 모든 것들을 다룰 수 있는 참조적 의사소통의 가능성을 열었다. 따라서 지향점 공유는 개인 지향성 및 생각과 관련된 모든 과정을 재구성·변형·사회화하는 데 영향을 미쳤다. 그렇다고 인간이 다양한 종류의 시스템1(직관) 프로세스를 버렸다는 것이 아니다. 인간은 사건 확률, 도덕적 딜레마, 위험한 상황 등에 대해 '직관적인 결정'을 할 때가 많다(예를 들어 Gigerenzer and Selton, 2001; Haidt, 2012). 그러나 인간은 자신의 시스템2 사고 프로세스로 이 모든 것들을 고려하고 의사소통할 수 있다. 이것이 결국 그들의 행동 결정에 영향을 미치지 않더라도 말이다. 따라서 지향점 공유를 위한 기술과 동기는 거의 모든 것에 대해 인간이 생각하는 방식을 변화시킨다. 인간은 거의 모든 것에 대해 의사소통할 수 있기 때문이다.

어쨌든 방금 훑어본 세 부류의 가설 가운데 어느 것도 지향점 공유 가설의 직접적인 경쟁자는 아니다. 어떤 가설도 인간의 생각과 그것의 구성 요소에 특별히 주안점을 두지는 않는다. 이들 각각은 인간 특유의 인지능력과 사고에 관해 일부 진실을 포착하긴 했지만, 내가 제안한 설명이 인간 생각의 다양한 측면을 더욱 포괄적으로 다루고, 기존에 존재하던 요소 프로세스에서 복잡한 행동 기능을 결합하는 진화적 작용을 다룬다. 그리고 곧 살펴보겠지만, 지향점 공유 가설은 인간 사회의 진화에 대한 이론과도 잘 들어맞는다.

## 사회성과 생각

인간의 사회성을 설명하는 많은 진화 이론이 있지만, 한 가지 일치하는 점이 있다. (적어도 1만 년 전에 농업, 도시, 계층화된 사회가 출현하기 전까지는) 점차 협력하는 방향으로 진화했다는 것이다. 다른 대형 유인원과는 달리 초기 인류는 암수 한쌍의 결합으로 짝짓기를 시작했으며, 핵가족은 새롭게 협력하는 사회적 단위가 되었다(Chapais, 2008). 이와 관련해 인류는 이번에도 역시 다른 대형 유인원과는 달리, 엄마 외에 다른 어른들도 돌보는 다양한 형태의 협력적인 보육을 시작했다(Hrdy, 2009). 이 새로운 방식의 육아는 건강한 여성이 식량을 구해 돌아오는 동안 할머니나 다른 여성들이 집에 남아 아이를 돌보았다는 점에서 협력적인 식량 구하기의 전조가 되었거나 함께 나타났을 것이다

(Hawkes, 2003). 현대 인류가 번성하면서 자원을 얻기 위해 다른 집단과 경쟁을 해야 했고, 서로 알지도 못하는 개인들과 문화집단을 이루어 집단 전체가 협력 단위가 되었다(Richerson and Boyd, 2006).

이렇게 협력하는 경향이 인간의 인지능력과 어떻게 상호작용했는 지는 거의 연구되지 않았거나 심지어 추측된 바도 없는데, 두 가지 예외가 있다. 첫째, 사회적 두뇌 가설social brain hypothesis을 뒷받침하는 로 빈 던바Robin Dunbar의 연구다. 던바(Dunbar, 1998)는 영장류 종에서 (아마도 인지 기능의 복잡성을 반영하는) 뇌의 용량과 (아마도 사회적 복잡도를 반영하는) 인 구 규모 사이에 강한 상관관계가 있다는 사실을 입증한 바 있다. 현 대 인류는 극단적인 경우다. 인간의 뇌 용량과 인구 규모는 가장 가 까운 유인원 친척보다 몇 배나 크다. 존 고럿John Gowlett 등(Gowlett et al., 2012)은 인간 진화에서 이러한 관계를 추적했는데, 40만 년 전 호모 하이델베르겐시스의 뇌 용량과 집단의 규모가 크게 커졌다는 것을 발견했다. 공동 지향성에 의한 진화 가설의 첫 번째 단계와 정확히 일치한다. 그러나 집단의 크기는 사회적 복잡도의 매우 포괄적인 지 표일 뿐이며(던바는 더 많은 사회적 관계와 평판에 초점을 맞추고 있다), 뇌의 용량 도 인지능력에 대한 포괄적인 지표일 뿐이어서, 사회적 두뇌 가설은 매우 일반적인 지표만을 제공한다.

킴 스터렐르니Kim Sterelny(Sterelny, 2012)는 인간의 사회성과 인지능력의 관계에 대해 조금 더 구체적인 연구를 했다. 그는 협동 육아, 협동 수 렵채집, 협력적 의사소통과 교육을 비롯한 인간 협력과 그 많은 측면 에 초점을 맞췄다. 인간의 협력적 생활방식은 사슴을 사냥하는 방법에서부터 창을 만드는 방법, 집단의 혈연관계가 어떻게 구성되는지에 이르기까지 개체발생 과정에서 엄청난 양의 정보를 습득하는 개인 에 달려 있다. 그러한 정보가 숙련된 어른에서 아이들에게로 협력적 으로 전달되는 것은 개인의 생존에 결정적이다. 인간은 자손이 커나 가는 교육 환경을 구축하여, 도구 제작과 공동 수렵채집 같은 중요한 생존 활동을 영위하는 데 필요한 정보를 제공했다. 나는 스터렐르니 이론의 다른 버전을 내놓기도 했는데, 선조들이 창조한 물질적·상징 적 인공물(언어 포함)을 습득함으로써 한 사람의 인지 발달이 가능해진 데 초점을 두었다(Tomasello, 1999). 일반적으로 비슷한 맥락에서, 스티 븐 C. 레빈슨Stephen. C. Levinson(Levinson, 2006)은 협력적 사회 참여라는 인 간 특유의 '상호작용 엔진'과 그것의 진화가 어떻게 독특한 형태의 다 양한 의사소통을 만들어 냈는지에 초점을 맞췄다. 세라 블래퍼 허디 Sarah Blaffer Hrdy(Hrdy, 2009)는 유아의 행동 자체가 적응의 일부가 될 수 있 다고 강조했는데, 영유아가 여러 보호자와 함께 협력과 의사소통 행 위를 하면서 새롭고 복잡한 세계를 조기에 탐색할 수 있다는 점을 예 를 들었다.

인간의 사회성과 인지능력의 상호 관계에 대한 두 가지 설명은 유 용하고 일반적으로 옳다. 그러나 나는 관련된 사고의 근본적인 과정 에 특별히 주안점을 두었다. 나는 인류의 진화 역사에서 행동의 조정 (협업)과 목적의 조율(협력적 의사소통)에 관한 문제가 어떻게 인류에게 닥 쳤으며 새로운 사고 과정(새로운 인지 표상, 추론, 자기관찰)을 통해 이러한 문 제들을 어떻게 해결했는지 상세히 설명했다. 초기 인류는 단지 사회적 관계를 맺고 아이들을 교육하는 문제를 겪은 것이 아니라 생존과 연관된 문제를 사회 조정을 통해 해결해야 했는데, 그들은 지향점 공유와 관련한 다양한 기술과 동기를 개발함으로써 이러한 문제들을 해결했다. 이러한 기술에는 협력적이고 관습적인 의사소통에서 다른 사람을 위해 상황을 재귀적으로 개념화하는 능력이 포함된다. 사회적 조정과 인간의 생각을 분리할 수 없다는 생각은 셀러스(Sellars, 1962/2007, p. 385)가 다음과 같이 잘 포착한 바 있다. "체스 선수들이 말을 우연하게 옮기지 않는 것처럼, 다른 사람에게 **전달**되는 개념적 사고도 우연한 것이 아니다."

이제 나의 이론을 전반적으로 요약하며 사회성과 생각의 관계를 살펴보기로 하자. 주된 결론을 네 가지 명제로 정리했다.

**1. 집단 구성원들과의 경쟁 때문에 인간 외 영장류의 사회적 인지와 생각이 복잡한 형태로 진화했다. 그러나 인간과 같은 사회성이나 의사소통에는 이르지 못했다.** 포유류의 기초적인 사회성은 단지 사회적 집단에서 살아가기 위한 것이다. 집단 내 경쟁은 친목과 더불어 지배하고 지배받는 사회적 관계를 만들어 낸다. 대형 유인원은 물론이고 아마도 다른 영장류들도 어느 정도 수준 이상의 경쟁에 참여하고 있으며, 다른 개체들의 행동을 유연하게 예측하기 위해 그들의 목표와 인식을 이해할 수 있는 기술을 개발해 왔다. 그들은 또한 도구 사용에서 물리적 원인을, 그리고 제스처 의사소통에서 다른 개체의 지향적 상태를 조작하는 데 특히 능숙하다. 대형 유인원이 협력하는 경우는 거의 없다. '자

기중심I-mode의 집단 행동(Tuomela, 2007)'이라는 표현에 그 성격이 가장 잘 압축되어 있다. 침팬지들은 집단 사냥을 하면서도 스스로 원숭이를 잡으려고 애쓴다. 대형 유인원의 의사소통은 유용한 정보를 알려주려는 것이 아니라 상대방의 의도와 행동을 자신이 원하는 방식으로 유도하려는 것이다. 인간에게서 보이는 공동 목표는 없고, 행동을 조정하기 위한 협력적 의사소통도 없다.

대형 유인원의 인지와 생각은 아주 협력적이지는 않았던 사회에 적응한 결과다. 대형 유인원은 자신의 목표나 가치와 연관된 상황에 관심을 가지며, 특정 문제 상황에서는 행동하기 전에 다양한 원인과 결과를 시뮬레이션하거나 상상하여 효과적인 결정을 내리려고 한다. 대형 유인원은 심상과 도식으로 이루어진 인지적 표상을 가지고 시뮬레이션을 하며, '이것은 그것들의 또 다른 것this is another one of those'이라는 개념을 이해한다. 그들은 또한 많은 경우 상황들(과 그것의 구성 요소들)이 서로 어떤 인과적·지향적 관계가 있는지 이해하며, 그리하여 대형 유인원들은 패러다임으로 조직화된 논리적 추론을 할 뿐 아니라 사실이 아닌 상황을 시뮬레이션하고 그것들에 관해 인과적이고 지향적인 모든 종류의 추론을 할 수 있게 되었다. 예를 들어 'X가 존재하면 Y가 없어진다'뿐만 아니라 '여기에서 아무 소리가 들리지 않으면, X는 거기에 있어야 한다' 또는 'X가 Y를 원하고 Z 위치에 있다는 것을 알면, X가 Z의 위치로 이동할 것이다'를 추론한다. 이러한 인과적·지향적 추론은 'X가 사냥물을 구하는 상황이 되면, 최선의 선택은 Y다'라고 추론하는 것처럼 의사 결정에서 일종의 도구적 합리성을 만들어 낸다. 대형 유인원은 결과가 목표에 어떻게 부합하는지 관찰할 뿐 아니라 자신이 사용할 수 있는 정보와 자신의 확신을 관찰함으로써 의사 결정을 하기 전에 그 결정을 되돌아보기도 한다.

그래서 대형 유인원의 사회성은 물리적 조건에 대한 정교한 기술을 보완하기 위해 내가 '개인 지향성'이라 부르는 기술인 주목할 만한 사회적 인지 기술을 만들어 냈다. 그러나 이러한 형태의 사회성은 세계를 개념화하거나 문제를 일반적으로 생각하는 방식으로 변형되지 못했다. 개인 지향성은 대형 유인원들이(어쩌면 다른 영장류들도) 인간 고유의 사회성과 의사소통 없이도 실제로 특정 상황의 문제를 생각하도록 했다. 따라서 개인 지향성과 도구적 합리성은 '적대적인 세계에서의 생각'을 위한 보편적인 영장류의 대응이라고 생각할 수 있다 (Sterelny, 2003).

**2. 초기 인류의 공동 협력 활동과 협력적 의사소통은 문화와 언어 없이도 새로운 형태의 인간의 생각을 이끌었다.** 인간 진화의 여정 600만 년 중에서 500만 년이 넘는 시간 동안, 인간의 생각은 대체로 유인원과 같았다 (도구를 만드는 기술이 인과적 이해를 향상시켰을지라도). 그러나 일부 초기 인류는 생태 환경의 변화에 따라 식량을 얻기 위해 협력해야 했다. 이것은 개인이 특히 서로 절박하게 의존하게 만들었다. 이와 같은 상호 의존 활동에서 충분히 협력적인 의사소통이 가능해졌다. 공동의 목표를 위해 협력하고 각자의 역할에서 상대방에게 유용한 정보를 알리는 것이 개개인의 관심사였기 때문이다. 그래서 사회적 파트너와의 협력과 소

통에 기대어 생존하고 번창할 수 있는 초기 인류가 탄생했다.

협력적인 식량 구하기는 사회적 조정이라는 어려운 문제를 야기했다. 기본적인 해결책은 다른 사람들과 공동 목표를 설정하고 함께 해내는 것이었다. 이것은 개인적인 관점이 있는 공동 관심과 개인적인 역할이 있는 공동 목표라는 두 가지 중층적 구조를 만들었다. 이러한 행동들 사이에서 각자의 관점을 조정하기 위한 협력적 의사소통 (처음에는 손가락 지시와 팬터마임)에서 커뮤니케이터는 진실된 정보를 제공하여 협력하고, 커뮤니케이터와 수신자는 성공적인 의사소통을 위해 협력했다. 수신자는 손가락이 지시한 쪽을 바라보거나 팬터마임이 의미하는 것을 상상하고, 공통 기반을 바탕으로 커뮤니케이터가 의도한 의사소통을 유추했다. 커뮤니케이터는 상대방의 추론 과정을 예상하고 제스처가 의미하는 바를 상대방이 추론할 수 있게 표현하려고 노력했다. 게다가 공동 의사 결정 과정에서, 때로 초기 인류는 관련 상황을 상대방에게 알려주어 인과적이고 지향적인 작용에 대한 공통적인 이해를 기반으로 공동으로 행동을 결정해야 하는 이유를 (암시적으로) 제시하기도 했다.

이 모든 것을 효과적으로 하려면 대형 유인원이 하지 못했던 유형의 생각과 개인 지향성이 필요하다. 커뮤니케이터는 수신자와 공유하고 있는 공통 개념적 기반에 대해서뿐만 아니라 유용하고 새로운 정보를 구하는 수신자의 현재 상황에 대해서도 판단을 내려야 했다. 그래서 수신자는 가능한 여러 참조 행위로부터 적절한 추론을 할 수 있었다. 이를 통해 우리가 양자 간 생각이라 부르는 것이 가능했는데,

이는 (1) 관점적이고 상징적인 인지적 표현, (2) 지향적 상태 안에 지향적 상태를 집어넣은 재귀적 추론, (3) 사회적 평가와 협력에 대한 이해와 협력 파트너를 아우르는 자기관찰로 이루어진다. 이러한 변화는 대형 유인원의 개인 지향성을 '협력화'하여 양자 간 공동 지향성과 생각으로 이끌었다.

그래서 초기 인류의 공동 지향성과 양자 간 생각은 사회성과 생각의 새로운 관계에 급진적 변화를 불러왔다. 초기 인류의 협력적이고 재귀적인 사회성은 개인이 자신의 행동과 지향적 상태를 다른 사람들과 조율할 수 있는 적응적 맥락을 만들어 냈고, 이는 인지적 표상, 추론, 자기관찰, 그리고 이러한 것들을 가능케 한 생각의 과정을 '협력화'하도록 요구했다. 사회성과 생각의 관계에 관한 이론에서 중요한 것은, 이러한 새로운 유형의 양자 간 생각이 관습이나 문화, 언어나 직접적인 양자 간 사회적 참여 이상의 어떤 일도 없이 일어났다는 점이다.

**3. 현대 인류의 관습화된 문화와 언어는 인간의 생각과 추론을 특유의 복잡한 형태로 진전시켰다.** 현대 인류는 집단 간 경쟁을 동반한 집단 규모의 증가로 새로운 사회문제에 직면했다. 생존을 위해 현대 인류 집단은 다양한 역할 분업이 가능하면서도 상대적으로 응집력 있는 협력 단위로 운영되어야 했다(Wilson, 2012). 이것은 개인적인 공통 기반이 없는 집단 안의 낯선 사람들과 어떻게 조정할 수 있느냐는 문제를 야기했다. 해법은 문화 관행의 관습화였다. 모든 사람은 다른 사람들이

하는 관습에 순응했고, 다른 사람들도 관습을 준수할 것으로 기대했다. 이러한 관습은 집단의 모든 구성원이 공유하는(그러나 다른 집단에서는 찾아볼 수 없는) 일종의 문화적 공통 기반을 만들어 냈다. 현대 인류의 의사소통은 이와 동일한 방식으로 관습화되었는데, 집단의 관점을 구성하는 문화적 공통 기반에서 집단 안의 누구와도 효과적으로 사용할 수 있는 관습언어 항목들과 구문이 만들어졌다.

현대 인류는 이러한 집단심리적 구조 덕분에 세계에 대해 개인을 초월한 '객관적' 관점을 갖게 되었다. 관습적 의사소통은 관례적이고, 규범적이고, '객관적'인 형식과 주제─초점 구조 때문만이 아니라 화자의 의사소통 동기와 의견의 강도를 나타내는 표현을 기존의 기호와 독립적으로 표현할 수 있었기 때문에 완전히 명제화되었다. 명제적 내용은 개인의 동기나 태도와는 상관없이 개념화되었다. 언어 구문 덕분에 전례 없이 창의적으로 개념을 조합할 수 있게 되었으며, 교육(이것은 이런 식으로 작동한다)이나 사회적 규범(사람은 그렇게 해서는 안 된다)에서처럼 일종의 일반적이고 시대를 초월한 '객관적' 상태를 표현하는 명제를 만들 수 있게 되었다. 집단의식에 물든 개인은 '객관적인' 세계를 구축했다.

관습언어는 아이들에게 개념을 표현하는 단어들을 제공했으며, 집단 구성원 모두가 그러한 단어들이 어떻게 사용되는지 알았다. 이것은 완전히 새로운 형식적·실용적 추론의 세계를 열었다. 효과적인 의사소통을 위해 과거의 의사소통 수단에서는 암시적으로 남겨졌던 심리적인 부분(예컨대 마음 상태, 논리 연산)을 명시적으로 표현하게 되었는데, 이로써 생각에 대해 새로운 방식으로 성찰할 수 있게 되었다. 그리고 공동 결정을 위해 협력적인 논쟁을 하려면 자신이 믿는 바를 다른 사람에게 전달하기 위해 자신의 논리와 근거를 명시적으로 제시해야 했다. 합리적 대화를 위해서는 집단의 규범적 기대를 충족시켜야 했다. 논리적인 논증 과정을 내면화한다는 것은 집단에서 공인된 논증을 위해 자신의 생각의 근거를 인식하게 되었다는 의미다. 이 과정은 개인의 무수한 생각과 명제적 표현을 개념적으로 연결했으며, 그 결과로 개념의 망이 형성되었다. 각 개인은 또한 자신이 속한 집단의 특사로서, 집단의 규범적 기준에 따라 자신의 행동과 생각들을 규제하는 일종의 규범적인 자기통제를 실천하고 있었다.

그래서 현대 인류는 언어를 포함한 문화적 관습, 규범, 제도로 구성된 다양한 형태의 집단 지향성을 만들어 냈고, 이는 개체 중립적인 '객관적' 생각으로 이어졌다. 이것은 관습적이고 객관적인 표상, 합리적이고 성찰적이고 진리를 겨냥한 추론 과정, 집단의 생각과 일치하도록 자신의 생각을 관찰하고 조정하는 규범적 자기통제로 이루어졌다. 개체 중립적인 관습으로서 문화와 언어는 새로운 유형의 인간 사회성이 새로운 유형의 인간 생각, 특히 객관적–성찰적–규범적 생각으로 이어질 수 있는 또 다른 환경을 제공했다.

진화적인 관점에서 나의 전반적인 이론은 메이너드 스미스와 사스마리(Maynard Smith and Szathmáry, 1995)의 논증을 확장한 것이다. 인간은 새로운 의사소통을 기반으로 확장된 새로운 협력을 통해 진정한 진화적 도약을 이루었다. 더 나아가 이것은 새로운 생각을 구성하는 새

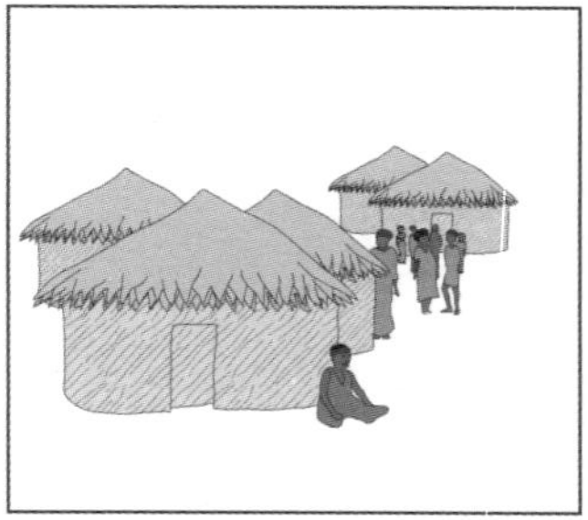

**그림 5-1** 지향점 공유 가설

| | 개인 지향성 | | 공동 지향성 | | 집단 지향성 | |
|---|---|---|---|---|---|---|
| | • 경쟁 | | • 종중적 협력 | | – 집단의식 문화 | |
| | • 지적 의사소통 | | • 협력적 의사소통 | | – 관습적 의사소통 | |
| **표상** | 도식적·심상적 표상 | | 관점적·상징적 표상 | | 객관적·관습적 표상 | |
| | 상황 | | 명제적 내용 | | 명제 | |
| **추론** | 인과적·지향적 추론 | | 재귀적 추론 | | 성찰적 근거에 의한 추론 | |
| **자기관찰** | 인지적 자기관찰 | | 양자 간 자기관찰 | | 규범적 자기규제 | |

로운 인지 표상, 추론, 자기관찰을 함께 이끌었다. 그리고 인간은 이 것을 두 단계에 걸쳐 이루었다. 그림 5-1은 지향점 공유 가설의 세 단계(유인원을 0단계로 본다) 각각에서 인간 생각의 세 요소를 요약하고 있다.

**4. 문화의 누적적인 진화는 문화에 따라 특별한 인지능력과 생각의 유형을 풍부하게 만들었다.** 공동 지향성과 집단 지향성의 이 모든 과정은 인간 종에서 보편적이다. 공동 지향성의 첫 번째 단계는 아마도 네안데르탈인과 현생인류가 분기하기 전 아프리카에서 진화했으며 두 종 모두에서 나타나는 특징이었을 것이다. 집단 지향성의 두 번째 단계는 10만 년 전 현대 인류가 아프리카에서 전 세계로 이주하기 전에 진화한 것으로 보인다. 그러나 현대 인류가 아프리카에서 이주하여 부유한 환경에 정착하자, 문화 관행의 차이가 두드러졌다. 다른 인간 문화는 매우 다른 특정 인지 기술, 예를 들면 먼 거리를 항해하기 위한, 중요한 도구나 인공물을 만들기 위한, 심지어 언어적으로 소통하기 위한 기술을 만들어 냈다. 이것은 각기 다른 문화가 종 전반에 걸쳐 발달한 개인·공동·집단 지향성의 인지능력을 기반으로 그들의 지역적 목적을 위해 문화적으로 특유한 인지능력과 생각하는 방식을 만들어 냈다는 것을 의미한다.

문화 특성이 반영된 이러한 기술들은 문화의 역사에 축적된 것에 기반하고, 누적적인 문화적 진화를 이룩했다. 어른들은 가르치고 아이들은 배우려는 성향과 특히 강력한 인간의 문화적 학습 능력 덕분에 문화의 유물과 관행은 '역사'를 획득한다. 개인은 자라면서 이른 시기부터 문화의 유물과 상징을 통해 세계와 상호작용하여(Vygotsky, 1978; Tomasello, 1999) 문화집단의 역사적 지혜를 흡수한다. 문화의 누적적인 진화 덕분에 인간은 지구의 정복자가 되었다.

우리는 가장 추상적이고 복잡한 형태의 인간의 생각, 즉 서구 과학과 수학에 관련된 것들을 현대 세계의 드라마틱한 예로서 지목할 수 있다. 여기에서 주목할 점은 이러한 형태의 생각이 서구 문화의 역사적인 시간에 걸쳐 개발된 사회적으로 구성된 특별한 형태의 관습, 즉문자 없이는 불가능하다는 것인데, 이 점은 특히 퍼스(Peirce, 1931-1958)에 의해 강조되었다. 또한 클래런스 어빙 루이스Clarence Irving Lewis와 쿠퍼 H. 랭퍼드Cooper H. Langford(Lewis and Langford, 1932, p. 4)는 다음과 같이 표현했다. "용도가 다양한 표의문자 기호를 사용하지 않았다면, 아무도 음운론적으로 언어의 본질을 파악할 수 없었을 것이기 때문에 수학의 많은 분야가 발전할 수 없었을 것이다." 문자를 연구하는 많은 학자들은 문자가 특정 형태의 추론을 만들어 냈다고 주장하며, 그렇지 않으면 적어도 접근하기 더 쉽게 만들었다고 주장하기도 한다(Olson, 1994). 글쓰기는 또한 메타 언어적 사고를 촉진하고, 다른 사람들의 언어 커뮤니케이션뿐 아니라 우리 자신의 언어 커뮤니케이션을 분석하고 비평하고 평가할 수 있는 가능성을 만들어 준다. 의사소통 도구로서 그림과 그래픽 기호들은 이러한 과정에서 중요한 역할을 하는 집단적인 표상이다.

과학자, 수학자, 언어학자를 비롯한 학자들의 활발한 공동체를 창안한 현대 문화는 문자언어, 숫자와 연산기호, 반영구적 시각 기호

없이는 생각할 수 없을 정도다. 시각 기호를 갖지 못한 문화는 이러한 활동에 참여할 수 없다. 이는 가장 복잡하고 정교한 인간 인지 프로세스의 많은 부분이 실제로 문화적이고 역사적임을 분명히 보여준다. 이것은 인간의 다른 인지능력이 공동으로 진화한 혼합물일 가능성을 암시한다. 나는 인간 언어의 많은 부분이 이러한 속성을 갖고 있다고 생각한다. 인간의 언어는 일반적인 인지 과정을 바탕으로 하지만 문화적으로 만들어진 구체적인 흔적을 함께 가지고 있다 (Tomasello, 2008).

이론적으로, 위의 내용은 인간의 사고 과정 전반에 적용되는 것은 아니다. 단지 협력과 의사소통을 위한 사고 모듈에만 적용된다(전반적인 설명에 대해서는 Sperber, 1994를 참고하라). 그러나 꼭 그렇게만 볼 수도 없다. 인간의 관점적이고 객관적인 표상, 재귀적이고 성찰적인 추론, 규범적인 자기관찰은 협력하거나 의사소통하지 않을 때에도 사라지지 않는다. 반대로 그것들은 감각 운동을 제외하고 인간이 하는 모든 것을 구성한다. 따라서 가장 분명한 예시만 들더라도, 인간은 언어의 문법적 구문에서, 의사소통이 없는 상태에서 마음을 읽을 때, 수학과 음악에서 재귀적 추론을 사용한다. 인간은 무언가 생각할 때, 심지어 혼자 몽상을 할 때조차 관점적이고 객관적인 표상을 사용한다. 그리고 인간은 평판에 대해 생각할 때마다 규범적인 자기관찰을 수행하는데, 사실상 항상 평판에 대해 생각한다. 우리는 여기에서 중층적 협력의 산물이지만 좀 더 넓게 활용되는 관계적 사고 능력과, 팬터마임에서의 상상의 산물이지만 이제는 모든 종류의 창조적 예술에 사용되는 상상력과 가장 능력에 대해서도 생각해 볼 수 있다. 협력과 의사소통은 내 이야기에서 중요한 역할을 하지만 인지적 표상, 추론, 자기관찰에 대한 영향은 더욱 광범위하여 기본적으로 모든 인간의 개념적 활동에 영향을 미친다.

이런 맥락에서 우리는 새로운 유형의 사회적 인지가 단순히 생각 기술mind skills 이론으로 모듈화된 것이 아니라는 점을 분명히 해야 한다. 오히려 관점적 표상, 재귀적 추론, 사회적 자기관찰과 같은 것들이 진화하여 목표를 공유하고 다른 사람들과 머리를 모으고 행동함으로써 개인이 세계를 다른 방식으로 이해할 수 있게 된 것이다. 이렇게 하려면 일부 특정 분야에 특화된 인지능력보다 더 많은 것이 필요하다. 왜냐하면 행동과 지향적 상태를 외부의 참조 대상으로 조정하는 것은 새로운 차원의 운영 방식을 필요로 하기 때문이다. 지향점 공유에 관한 기술과 동기는 인간이 다른 사람에 대해 생각하는 방식뿐 아니라 전체 세계를 개념화하는 방식까지 변화시켰고, 타인과 협력할 때 그들 자신의 위치를 생각할 수 있게 했다.

## 개체발생의 역할

나는 설명을 하면서 다양한 방식으로 개체발생 데이터를 사용했지만, 인간의 개체발생 그 자체에 주안점을 둔 것은 아니었다. 그러므로 인간에게 고유한 생각의 기원에서 개체발생의 역할에 대해 두 가지 중요한 핵심을 짚어 볼 필요가 있다.

첫째, 개체발생이 계통발생을 그대로 되풀이할 필요는 없지만, 이 경우 집단과 조정하기 전에 다른 사람과 조정하기 위한 능력을 가져야 한다는 점에서 공동 지향성과 집단 지향성의 관계가 들어맞고, 개체발생 순서는 내가 가정한 계통발생 순서와 일치한다(Tomasello and Hamann, 2012). 그러나 사실 이보다는 더 복잡한데, 아이들은 현대 인류이며 출생 직후부터 언어를 비롯한 문화적 환경에 많이 노출되기 때문이다. 그렇다 하더라도 나는 만 3세 이전 아이들의 사회적 상호작용은 기본적으로 양자 간에 이루어지고 집단 기반의 사회작용은 아니며, 아이들은 언어·문화적 산물·사회적 규범이 관습으로서 어떻게 작용하는지를 완전히 이해하지 못한다고 생각한다.

그래서 나의 이론에 따르면, 아이의 인지능력은 대략 다음과 같은 순서로 발달한다. 어린아이가 돌 무렵 (다른 개인과 함께 직접적인 참여를 통해서) 양자 간 협력을 하고 소통하기 시작한다. 이것은 다른 사람들과 공동 관심을 기울이고 간단한 방식으로 다른 사람의 관점을 취하고, 다른 사람과 창의적으로 손가락 제스처를 사용하는 것을 포함한다(Carpenter et al., 1998; Moll and Tomasello, in press). 이러한 발달 단계는 문자를 사용하지 않는 소규모의 사회를 포함한(Callaghan et al., 2011) 다양한 문화적 배경에서 비롯된 아이들의 특성이지만 침팬지의 개체발생에서 볼 수 있는 특성은 아니며 심지어 사람 손에 길러진 침팬지에서도 이러한 특성을 찾아볼 수 없다(Tomasello and Carpenter, 2005; Wobber, in press). 이러한 일련의 사실들을 보면 공동 지향성 기술의 첫 출현을 위해서는 매우 집중적인 종 특유의 발달 과정이 필요하다.

집단 지향성 기술은 만 3세 즈음에 등장하기 시작한다. 이 무렵은 어린아이들이 집단적 합의의 산물로서 사회규범을 비롯한 관습적 현상들을 처음으로 이해하기 시작하는 때다. 따라서 3세 즈음에 아이들은 사회규범을 그저 따르는 것이 아니라 다른 사람에게도 강요하기 시작한다(그리고 규범을 어길 때는 죄책감을 느낀다). 아이들은 특정 규범이 특정 맥락에서만 적용된다는 것을 알고 특정 집단의 개인에게만 적용된다는 것을 이해하는 것처럼 행동한다. 그들은 또한 언어의 일부, 예를 들어 보통명사가 집단 구성원 모두에게 관습적으로 사용되는 반면에 고유명사는 그 인물을 알고 있는 사람들에게만 통용된다는 것을 이해한다(Schmidt and Tomasello, 2012). 하지만 집단 지향성은 주로 서구 중산층 문화에서 연구되었기 때문에, 다양한 문화에서 일반적으로 나타나는 발달 시기는 잘 알려져 있지 않다.

개체발생의 역할에 대한 두 번째 요점은, 공동 지향성과 집단 지향성 모두 개체발생 없이는 존재할 수 없다는 점이다. 이것은 거의 성숙한 상태로 태어나는 다른 동물과는 달리 인간 종이 천천히 발달하는 진화 전략을 채택했다는 점과 관련이 있다. 많은 작은 영장류의 뇌는 생후 첫 달에 매우 빠르게 발달하고 1년 내에 성숙하고 침팬지의 뇌는 약 5년 만에 성숙하는데, 인간의 뇌가 성인의 크기로 완전히 성숙하려면 10년 이상 걸린다(Conqueugniot, 2004). 이토록 더딘 개체발생은 자식과 부모 모두에게 매우 위험하기 때문에, 지역 집단의 문화적 산물, 상징, 관행을 익히는 시간 외에도 유연한 행동 조직, 인지, 의사 결정 등의 측면에서 이것을 상쇄할 만한 이점이 있어야 한다(Bruner, 1972).

공동 지향성 및 집단 지향성을 위한 인간의 인지능력은, 아이의 뇌가 천천히 발달하는 과정에서 환경, 특히 사회적 환경과 끊임없이 상호작용하기 때문에 생겨난다. 내 가설에 따르면, 그러한 상호작용 없이는 그것들이 존재하지 않는다. 앞에서 해봤던 사고실험을 조금 변형해 보자. 무인도에서 태어난 아이가 기적적으로 생존하여 혼자서 자라 어른이 되었다고 상상해 보자. 나의 가설로는 이 어린이가 성인으로서 공동 지향성과 집단 지향성을 위한 인지능력을 가질 수 없다. 사회적으로 고립된 아이는 어른이 되어서도 인간 집단에서 공동 목표를 설정하고 협력하거나 공동 관심에 대해 개별 관점을 가지고 협력적인 소통을 할 수 없다. 따라서 홀로 고립된 개인은 관점적이고 상징적인 표상, 재귀적 추론, 사회적 자기관찰로 이루어진 양자 간 생각을 갖지 못한다. 다른 관점을 실제로 경험하지 않고 자신의 것과 다른 관점을 어떻게 인식할 수 있을까? 커뮤니케이션 상대 없이 어떻게 재귀적인 추론을 할 수 있을까? 다른 사람들이 없다면 어떻게 자신의 평판을 걱정할 수 있을까? 지향점 공유 기술은 단순히 타고나거나 저절로 무르익지 않는다. 개체발생 과정에서 다른 사람들과 협력하고 의사소통하는 상호작용을 통해 발현되는 생물학적 적응이다.

이 사고실험은 아이가 무인도에 홀로 지내는 상황을 설정하므로 로빈슨 크루소 실험이라 부를 수 있을 것이다. 이제 파리 대왕 시나리오를 상상해 보자. 몇 명의 아이가 무인도에서 태어나고 자라는데, 그들 외에는 상호작용할 사람을 만나지 못한 경우다. 나의 가설은 놀랍게도, 아이들이 공동 지향성을 위한 능력은 갖추지만 집단 지향성은 갖지 못한다는 것이다. 고아가 된 친구들은 서로 간의 사회적 상호작용을 통해 양자 간 재귀적 사회성 기술을 발전시킬 수 있다. 그들은 공동 목표와 관심을 가지고 서로 협력하고 다른 관점을 통해 의사소통하고 상호 의존적 파트너의 눈을 통해 자신의 행동을 관찰하는 방법을 찾을 수 있는데, 이런 식으로 발전시키기 위해서 교양 있는 어른이나 문화적 장치가 꼭 필요한 것은 아니다.

그러나 나는 고아가 된 아이들이 자신의 일생에 친구들과의 상호작용만으로 집단 지향성 기술을 개발할 수 있다고 생각하지 않는다. 그들은 공동 지향성과 모방 기술이 있기 때문에 관습과 규범을 스스로 개발할 수 있으며, 많은 세대를 지나면 문화와 같은 것들이 만들어질 것이다. 그러나 그들의 살아생전에 문화나 관습언어를 완성하지는 못할 것이다. 최고지도자나 화폐와 같은 지위를 갖는 문화적 제도도 마찬가지다. 일반적으로 언어를 포함한 관습, 규범, 제도로 이루어진 기존 문화집단의 중심에서 성장해야 집단 지향성과 개체 중립적 사고 기술을 가질 수 있다. 한 개인의 사회적이고 인지적인 발달에 선행하는 사회적 집단이 없다면 어떻게 집단적으로 생각하고 객관적으로 표현하며 행동을 조율하고, 협력적이고 의사소통적인 사회적 집단의 규범에 의해 추론할 수 있을까? 집단 지향성 기술은 단순히 타고나거나 만들어지는 것이 아니라 여러 세대를 거치면서 집단적으로 창조되고 전달된 문화 환경에서 천천히 자라면서 생겨나는 생물학적 적응이다. 이 경우에 한 아이가 성장 과정에서 집단 지향성 기술을 습득하기 위해서는 교양 있는 어른들과 문화적 환경이 꼭 필요하다.

인간이 모든 인지능력과 생각 기술을 타고나서 야생의 아이가 성인으로 발견되는 즉시 공동 지향성과 집단 지향성을 완벽하게 습득할 수 있다는 주장도 앞뒤가 안 맞는 것은 아니지만 나는 그렇게 보지 않는다. 인간은 협력적 상호작용을 함으로써 인간 고유의 인지 표상, 추론, 자기관찰을 구성하는 기본 능력을 생물학적으로 물려받는다. 사회적 환경이 없다면, 이러한 능력은 어둠 속에서 태어나고 자란 사람의 시력처럼 쇠퇴하고 말 것이다.

개체발생이 인간 특유의 생각에서 어떤 역할을 하는지를 알아보는 실험은 이론적으로 가능하지만, 윤리적인 문제가 있다. 여러 명의 신생아를 서로 다른 양육 환경에 무작위로 배정해야 하기 때문이다. 아베롱Aveyron의 야생 소년 빅터Victor와 같은 '늑대' 소년들을 대상으로 하는 자연 실험은 많은 이유로 결정적인 근거가 되기 어렵다. 이 아이들 중 일부는 장애를 가지고 있어서 부모에게 버림받았을 가능성이 있으며(Candland, 1995), 그들 중 누구도 적절한 인지능력 테스트를 받지 못했다. 인간 사회의 역할에 대한 흥미로운 간접적 증거는 사람 손에 길러진 유인원에서 나온다. 원숭이가 인간과 같은 사회적 상호작용 및 문화적 유산에 둘러싸여 인간 손에 길러지면, 그 원숭이들은 인간과 같은 물리적 인식 능력(예컨대 공간, 대상 영속성, 도구 사용)을 개발할 수는 없지만 인간과 같은 모방과 의사소통 기술은 개발한다(Call and

Tomasello, 1996; Tomasello and Call, 2004). 그러나 이러한 발견들은 인간 개체발생과 직접적인 연관이 없다.

어쨌든 많은 사람이 야생 어린이들에 대해 호기심을 가지고 사회적 경험의 종류와 크기가 인간 특유의 사고 과정과 어떤 연관이 있을지 궁금해할 테지만, 가까운 미래에는 여전히 신비로 남아 있을 가능성이 높다. 한편, 나의 가설은 인간의 다른 여러 적응과 마찬가지로 지향점 공유를 위한 적응이 특정 부류의 풍부한 사회문화적 환경 속에서만 발달하고 꽃을 피운다는 것이다.

A Natural History of Human Thinking

결론

# 화석 없는 세계에서 생각의 기원을 찾다

인류 전체를 보나 개인의 일생을 보나, 생각은 무에서 유로 진화한다. …
그런데 그 중간 단계를 알 수가 없다.

**도널드 데이비드슨**, 《주관적, 상호 주관적, 객관적(Subjective, Intersubjective,
Objective)》

인간은 다른 동물과 어떤 차이가 있는가. 아리스토텔레스 시절부터
고민한 이 문제와 관련해 중요한 단서가 최근에서야 드러났는데, 유
럽에서는 수천 년 동안 인간이 아닌 영장류를 볼 수 없었기 때문이
다. 그래서 아리스토텔레스와 데카르트는 집에서 기르던 동물들과
새, 쥐, 여우, 늑대와 달리 인간만이 이성과 자유의지를 가질 수 있다
고 쉽게 단정지었다.

19세기가 되어서야 유럽의 동물원에 유인원과 영장류가 등장했다.
다윈조차 1838년 런던 동물원에서 제니라는 이름의 오랑우탄을 처
음 보고 말문이 막혔다고 한다(빅토리아 여왕은 "기분 나쁘게 사람처럼 생겼다"고
했다). 다윈의 《종의 기원Origin of Species》은 그로부터 21년 뒤에, 《인간의

유래와 성선택Descent of Man, and selection in relation to sex》은 또다시 12년이 지나 출간되었다. 인간과 가장 가까운 친척의 등장으로 인간과 동물의 경계는 모호해졌다. 몇몇 철학자들은 이 문제를 비껴가기 위해 생각을 새롭게 정의했다. 생각은 오직 언어를 매개로 하는 것이어야 했다(현대의 가장 대표적인 학자는 데이비드슨(Davidson, 2001)과 브랜덤(Brandom, 1994)이다). 그들의 정의에 따르면, 인간 외의 다른 동물은 생각이란 것을 할 수 없었다. 하지만 유인원이 어떻게 인지하고 생각하는지 연구하기 시작하면서 인간과 동물을 완전히 분리하는 관점에 많은 변화가 생겼다. 유인원은 추상적인 형식으로 세계를 표상하고 인지한다. 또한 논리 구조를 지니며 복잡한 인과관계와 지향적 관계를 추론할 수 있다. 유인원은 그들 자신이 무엇을 하고 있는지 아는 것처럼 보인다. 유인원이 인간과 완전히 동일한 방식으로 생각하는 것은 아니라 하더라도, 생각의 핵심 요소들을 갖고 있는 것은 분명하다.

그러나 인간과 유인원을 구분하는 문제 이상으로 깊이 생각할 거리가 있다. 인간이 아닌 다른 유인원 종이 오늘날까지 살아남아 있다면, 다시 말해 외딴 정글에서 호모 하이델베르겐시스나 네안데르탈인이 발견된다면 그들은 어떤 모습을 하고 있을까? 아마도 그들은 유인원과 인간의 중간 단계의 모습일 텐데, 그들의 생각이 현대 인류의 생각과 완전히 똑같을지는 단적으로 말하기 어렵다. 좀 더 근본적인 질문을 던져 보자. 인간의 진화 계통수에서 이른 시기의 곁가지 종을 발견했다고 하자. 그들의 행동과 생각이 그들 나름의 고유한 방식을 가지면서도 인간과 어느 정도 비슷하다면 과연 어떤 형태일까? 이 곁

가지 좋은 손가락 지시를 할 수 없어서 여러 번 주고받는(재귀) 추론을 못할 수도 있다. 또는 팬터마임이라 할 정도의 모방 능력이 없어서 동료들에게 자신의 경험을 제스처로 전달하는 데 어려움을 겪을 것이다. 아니면 협력은 하지만 동료들의 평가를 신경 쓰지 않아서 사회규범에 이르지는 못했을지도 모른다. 또는 무언가를 공동으로 결정하지 않기 때문에 자신의 주장을 정당화하려는 시도를 할 필요가 없었을 것이다. 여기서 나는 이런 질문을 던져 보고 싶다. 현대 인류가 가진 생각의 요소들과 그에 따른 효과들이 제거된다면 과연 어떤 형태의 생각이 출현했을까? 현대 인류의 생각과 많은 특성을 공유하면서도 그것 나름의 고유한 특성을 갖는 어떤 형태의 생각이 생겨났을 것이며, 아마도 현재의 모습과는 다른 형태일 것이다. 진화적 관점에서 본다면 인간의 생각은 거대한 돌기둥처럼 한 번에 만들어졌다기보다는 마구잡이로 쌓아 올린 돌무더기처럼 형성된 것이기 때문이다.

이 책에서 전개한 생각의 진화사는 유인원에서 인간으로 이어지는 생각의 역사에서 '잃어버린 고리'를 연결하는 하나의 그럴듯한 이야기다. 나는 수렵과 채집으로 살아가던 삶의 방식과 인간 유아들의 생각에 관한 연구를 비교하면서 이야기를 전개했다(결정적이라 할 수는 없겠지만 몇 가지 고인류학적 사실들도 인용했다). 그러나 나는 이러한 이야기가 그저 있음 직한 일에 불과하다고 생각하지는 않는다. 잃어버린 고리에 해당하는 중간 단계는 **반드시** 필요하다. 서로 경쟁하며 명령하는 유인원들의 의사소통 방식에서 현대 인류의 언어와 문화가 불쑥 생겨났을 리는 없다. 인류의 언어와 문화는 그 이전에 형성된 사회적 상호작용의 관습에 불과하다. 상당한 수준의 협력적인 상호작용이 문화와 언어의 재료가 되었을 것이다. 서로 다른 두 관점의 용어로 표현하자면, 협력적인 사회적 기반cooperative social infrastructure(미드, 비트겐슈타인 등의 사회적 기반 이론가들이 표현했듯이)이 아니었다면 인류는 문화와 언어의 단계(비고츠키 등이 언급한)에 이르지 못했을 것이다. 그러므로 우리는 중간 단계에 대한 이론이 필요하다(나중에 다른 이론이 나의 이론을 대체한다면 그야말로 환영할 일이다). 중간 단계를 설명하는 이론은 데이비드슨이 시도했던 것처럼 생각의 부재와 존재를 두루 설명하는 일반론은 아니지만, 생각의 부재에서 존재로 나아가는 여정에서 거쳐야 하는 각 구간의 거리를 줄여 주었다.

인간 특유의 생각에 관한 나의 이론은 진화적인 관점을 전제로 한다. 비트겐슈타인은 언어에 대해 이렇게 말했다. "언어는 잘 작동할 때가 아니라 공회전하는 엔진처럼 헛돌고 있을 때 우리를 혼란에 몰아넣는다."(wittgenstein, 1995, no. 132) 철학자들이 인간의 생각을 설명하려고 할 때 벽에 부딪힌 까닭은 인간의 생각을 진화적 적응으로 보지 않고 너무나 추상적으로 이해하려 했기 때문이다. 많은 현대인들의 생각이 어떤 면에서는 뚜렷한 목적이 없어 보인다는 점을 보면, 이렇게 생각하는 것도 당연하다. 그러나 인간 고유의 생각이 행동을 조직하고 조정하는 역할을 함으로써 진화적으로 선택되었다는 사실은 거의 확실하다. 만약 외계 생명체가 지구에 와서 신호등을 처음 본다면, 작동 방식을 탐구하기보다는 분해하여 구조를 파악하려 들 것이다. 빨간불이 켜지면 왜 반대편에 초록불이 켜지는지에 대해서는 배선과 램프의 구조를 파악하더라도(심지어 fMRI(기능적 자기공명영상장치)로 들여다본다 하더라도) 도저히 알 수 없다. 신호등의 작동 방식을 이해하기 위해서는 우선 교통을 이해해야 하고, 어떤 문제를 해결하기 위해 설계되었는지를 이해해야 한다. 진화심리학에서 배웠듯이, 생물학적 구조의 경우에도 특정 기능을 위해 진화된 구조가 시간이 지나면서 다른 기능을 수행하기도 한다. 그러므로 현대의 인간이 생각하는 방식을 이해하기 위해서는 진화적인 맥락을 보아야 한다. 초기 인류와 현생인류가 생존을 위해 협력하는 방식으로 나아갈 때 당면했던 진화적 도전과 그로부터 어떻게 생각이 진화했는지를 이해해야 한다.

나의 이론은 분명 완전하지 않다. 한 가지 난제는 협동, 커뮤니케이션, 생각이 화석으로 남아 있지 않다는 것이다. 생각의 형태를 만들고 진화를 이끌었던 사건들에 대해서는 추측에 기댈 수밖에 없다. 또 다른 결정적인 문제는, 오늘날의 유인원이 인간과의 공통 조상으로부터 얼마나 달라졌는지 모른다는 것이다. 해당 시대의 화석이 없기 때문이다. 게다가 초기 인류의 중간 단계는 나의 이론에서 설명한 것보다 점진적으로 진화했을지도 모르며, 사실 호모 하이델베르겐시스를 완전히 다른 종으로 분류할 수 있는지조차 분명하지 않다. 그리고 나는 농경시대 이후의 인류에 대해서나 문화 교배, 문자와 숫자, 과학이나 행정과 같은 제도로부터 야기되는 온갖 복잡한 현상들에 대해서는 피상적으로만 다루었다. 그러므로 나의 이론은 진화적으로 중요했던 굵은 마디를 나눠 보려는 시도이지 역사적인 접근이라고 보기는 어렵다.

남아 있는 중요한 문제 두 가지만 언급하려고 한다. 첫째, 지향점 공유의 모든 형태를 특징짓는 공동성과 집단성 또는 '동류의식we-ness'의 본질은 무엇일까? 많은 학자들은 일종의 환원불가론irreducibility thesis(예를 들어 Gallotti, 2012)을 지지하는데, 이는 공동의 관심이나 관습이 개인의 문제로 환원할 수 없는 사회적 현상이므로 개체 관점에서 접근하거나 두뇌 안에서의 메커니즘으로 설명할 수 없다는 입장이다. 나도 역시 특정 순간의 지향점 공유는 환원되지 않는 사회적 현상이라고 생각한다(예컨대 공동 관심은 둘 또는 그 이상의 개인이 상호 관계를 맺을 때에만 가능하다). 그러나 한 개체의 입장에서 어떤 일이 벌어졌는지 진화와 발생의 관점에서 질문을 던져 볼 수도 있다. 개체로서 인간은 어떻게 해서 다른 유인원이나 어린 아기가 못하는 방식으로 공동 관심에 이르는 상호작용을 시작하게 되었을까? 이런 질문을 던지고 보면 재귀적 마음 읽기나 (여전히 충분하게 기술되지 못하고 대부분의 경우 완전히 암시적인 상태의) 추론과 같은 것들을 지향점 공유 가설에 포함하지 않을 수 없다. 개체의 관점에서 보자면 지향점 공유는 그저 경험할 뿐이다. 그러나 진화의 결과인 지향점 공유의 근본적인 구조는 순환적인 사슬과 같은데, 상호작용에 참여한 개인이 상대방의 관점을 이해하고, 그 상대방의 관점에는 이미 자신의 관점에 대한 이해가 포함되고, 또다시 그러한 상대방의 관점을 이해하는 것과 같이 몇 단계를 거치게 되는 것이다. 하지만 이것은 동의하기 어려운 내용일 수도 있다.

둘째, 본래 사회적으로 생겨난 개념들이 어떻게 구체화되고 객관성을 확보하게 되었을까? 지폐는 그저 종이 쪼가리가 아니라 화폐로 통용된다. 버락 오바마는 그저 하얀 집에 사는 사람이 아니라 대통령의 자격을 가진다. 우리가 그렇게 여기며 말하고 행동하기 때문이다. 우리는 도덕처럼 모호한 개념도 구체화한다. 우리는 모든 인류의 도덕이나 다른 문화권의 도덕을 논하기보다는 구체적으로 어떤 행동이 옳고 그른지에 대해 얘기하며, 옳고 그름을 마치 객관적인 실체로 간주한다. 이러한 경향은 언어에서 가장 두드러지는데, 인간은 누구나 언어가 실체를 지닌 것으로 생각한다(큰 노력 없이는 달리 생각하기가 어렵다). 모든 사람들이 줄무늬 고양이를 'gazzer'라고 부르기로 합의할 때 '그건 호랑이잖아. 그렇게 부르는 것은 옳지 않아'라고 말하는 어린아이처럼 말이다. 나는 그러한 객관화 성향이 주체와 무관한 집단의 관점에서 나온다고 생각한다. 내가 태어나기도 전부터 존재하며 사회적으로 권위를 확보한 제도로 구성된 세계에서 아무개의 관점, 누군가의 관점, 무명씨의 관점에서 상상하려는 것이다. 이는 강제적인 규범(그것은 잘못된 것이다)과 교육(그것은 이러한 방식으로 작동한다)에서 사용되는 일반적인 언어의 바탕에 깔린 권위이며, 이러한 집단의 권위가 우리가 실재한다고 생각하는 것들을 결정한다. 하지만 이 역시 일반적으로 동의하기 어려운 내용이다.

그러나 해결하기 어려운 여러 문제가 있음에도 불구하고, 인간 특유의 생각에 관해 사회성을 배제한 포괄적인 이론을 상상하기는 어렵다. 나의 주장을 명확히 하자면, 인간 생각의 모든 측면이 사회적인 기원을 가진다는 것이 아니다. 인간 종에서만 발견되는 생각의 고유한 특징에 한하여 사회적인 기원을 주장하는 것이다. 우리는 경험

적인 관찰을 통해 인간과 유인원이 사회적 상호작용과 조직 면에서
상당히 다르고, 인간이 모든 면에서 훨씬 더 협력적이라는 사실을 알
고 있다. 인간과 유인원의 차이를 자세히 들여다보면 볼수록, 생각
과 사회적 상호작용 사이에 어떠한 연관성이 있음을 외면하기는 힘
들다. 사회성에 기반을 둔 이론이 아니라면 문화제도, 재귀적이고 합
리적인 추론, 객관적인 관점, 사회규범, 규범적인 자기규제 등을 어찌
설명할 수 있을까? 이 모든 것들이 사회성과 관련 없이 진화되었다고
생각하기는 어렵다. 아마도 생각의 진화에 대한 답은 지향점 공유 가
설과 같은 이론에서 찾아야 할 것이다.

# 옮긴이의 글

2017년 추석 연휴는 유난히 길었다. '인간 생각의 자연사<sub>A Natural History of</sub> Human Thinking'라는 멋진 제목에 끌려 번역 제의를 덥석 수락하고, 검은색 표지의 원서를 받아 든 지 2년이라는 시간이 지나서야 원고를 마무리할 수 있었다.

나는 지금 이 책 《생각의 기원》의 첫 독자로서 글을 쓴다. 이 책의 저자인 토마셀로의 책을 펼쳐 놓고 옮긴이로서 지냈던 시간을 돌이켜보면서 가장 안타까운 점은 열정적인 독자로 살지 못했다는 것이다. 번역 초기에는 책에 인용된 실험 영상을 찾아서 보기도 하고 참고논문을 읽어 보기도 했지만 시간이 지날수록 남은 원고의 두께를 가늠하기 바빴다. 토마셀로의 전작들과 관련 도서를 찾아 읽으며 '생각의 기원'을 추적하는 여정에 동참하고 싶었지만, 언제부턴가 다른 번역서에서는 토마셀로의 개념들을 어떤 용어로 옮겼는지 확인하기 급급했다. 지금, 옮긴이의 역할을 마무리하고 독자의 입장이 되고 보니 이렇게 좋을 수가 없다.

토마셀로는 30여 년 동안 영장류와 인간의 인지, 언어 습득, 문화 형성 과정을 연구했다. 현재 독일 막스플랑크 진화인류학연구소 소장을 맡고 있지만, 무엇보다 그 자신이 성실하고 뛰어난 연구자다. 토마셀로의 책과 논문은 지난 5년 동안 연평균 9500여 회 인용되었으며, 여전히 제1저자 혹은 단독 저자로서 매년 논문을 발표하고 있다.

연구자의 학문적 기여도를 참고하기 위한 지표로 'h-index'라는 것이 있다. h-index가 100점이면, 100회 이상 인용된 책 또는 논문이 100편 이상이라는 뜻이다. 반짝 유행을 탄 논문이나 생계형 논문으로는 h-index를 올릴 수 없다. 동료 연구자들에게 많이 인용되는 논문을 꾸준히 발표해야 h-index가 올라간다. 그리고 h-index가 올라가면 올라갈수록 1점 올리기가 점점 더 어려워진다. '구글 스콜라 Google Scholar'에 따르면, 분야를 막론하고 h-index 100점 이상인 연구자는 2500여 명이며, 150점 이상은 210명밖에 없을 정도다. 토마셀로의 h-index는 159점으로, 인류 역사상 가장 논쟁적인 이슈를 선사한 카를 마르크스와 견줄 만한 수준에 이른다.

현재 토마셀로의 저서 중 가장 많이 인용된 책은 《인간 인지의 문화적 기원》(1999)이다. 18년 동안 총 6700여 회 인용될 정도로 학계에서 중요한 위치를 차지하는 책이다. 토마셀로는 《생각의 기원》이 《인간 인지의 문화적 기원》의 속편 또는 프리퀄에 해당한다고 서문에서 밝힌 바 있는데, 토마셀로가 최근 3년 동안 《생각의 기원》과 《도덕의 기원A Natural History of Human Morality》을 연달아 출간한 것을 보면, 'A Natural History of Human X' 시리즈로 30년 연구를 집대성하기로 작심한 것 같다.

《생각의 기원》은 '인류의 생각이 어떻게 진화했는가?'라는 질문에 대한 토마셀로의 답이다. 토마셀로는 인간의 생각이 인류의 진화사에서 두 번에 걸쳐 크게 달라졌다고 보았고, 그것을 '지향점 공유 가설'이라고 명명한 개념을 통해 설명하고 있다.

토마셀로가 이 책에서 기술한 생각의 진화사는 인간이 다른 유인원들과 진화적으로 갈라지기 이전 시기까지 거슬러 올라간다. 인간은 침팬지나 보노보 같은 대형 유인원들과 공통 조상을 갖는다. 인류는 대략 600만 년 전쯤에 다른 유인원들과 갈라진 것으로 보이는데, 토마셀로는 이 시기의 인간이 유인원과 다를 바 없었을 것이라고 가정했다. 예컨대 침팬지들은 원숭이를 사냥할 때 무리 지어 함께 쫓는다. 하지만 침팬지들이 협력하고 있다고 보기는 어려운데, 함께 사냥한 원숭이를 서로 나누려고 하기보다는 자신이 잡아서 먹이를 독차지하려고 하기 때문이다. 이 상황에서 침팬지의 사회적 인지는 협력적이라기보다는 경쟁적이다. 지금의 침팬지와 마찬가지로 500만 년이 넘는 시간 동안 인간의 생각은 개인 중심적이었으며, 경쟁적이고 착취적인 사회적 인지를 가동할 뿐이었다. 토마셀로는 이것을 '개인 지향성'이라는 개념으로 설명한다.

그러다가 약 40만 년 전쯤이 되어서야 인간의 생각이 침팬지와 달라진 것으로 보인다. 토마셀로는 새로운 인지 기술을 처음으로 확보한 인류가 아마도 호모 하이델베르겐시스가 아닐까 추정하고, 이 시기를 '초기 인류' 단계로 분류한다. 초기 인류는 공동의 목표를 설정하고 소규모 협력 생활을 했으며, 이를 위해 '공동 지향성'이라는 사회적 인지 기능을 작동해야 했다. 초기 인류는 상대방의 의향을 파악하기 위한 사회적 지능이 필요했고, 상대방의 관점에서 자신의 의사소통과 행동을 돌아보기(생각하기!) 시작했다.

약 20만 년 전, 호모 사피엔스의 시대가 되자 협력 규모는 집단 전체로 확장되었다. 현대 인류는 초기 인류의 '공동 지향성'에서 한 발 더 나아가 '집단 지향성'을 기반으로 사회적 제도라는 가상의 실체들을 만들고 권력을 부여했다. 그리고 자신이 공동체의 일원으로서 협력 활동을 잘 수행할 수 있음을 보이기 위해 집단의 관점에서 자신을 평가하기 시작했다. 이렇듯 인간만의 전유물인 극도의 사회성이 생각의 진화를 이끌었다.

토마셀로는 '지향점 공유 가설'을 15년 전에 처음 발표했는데, 이후에도 계속 최신 실험 결과들을 반영하고 내용을 보완해 왔다. 작년(2016년)까지도 관련 논문이 나온 것을 보면 토마셀로가 생각의 진화 여정을 얼마나 진중하게 탐구해 왔는지 알 수 있다.

토마셀로의 안내가 아니었다면 섣불리 따라 나서지도 못했을 만큼 먼 길을 걸어왔다. 천천히 한 걸음 한 걸음 어렵게 옮겨 놓으며 지금에 이르러 책 표지의 그림을 보니 새삼 의미심장하게 다가온다. 표지의 침팬지는 책 더미에 올라앉아 과거가 되어 버린 인간을 바라보며 무슨 생각에 잠겨 있을까. 아마도 창세기 3장 5절의 문구를 곱씹어 보고 있는 듯하다. "너는 훗날 신과 같은 존재가 될 것이다."

생각의 미래는, 인류의 미래는 어떤 모습일까.

2017년 11월
이정원

# 참고문헌

Alvard, M. 2012. Human sociality. In J. Mitani, ed., *The evolution of primate societies.* (pp. 585–604). Chicago: University of Chicago Press.

Bakhtin, M. M. 1981. The dialogic imagination (trans. C. Emerson and M. Holquist). In M. Holquist, ed., *Four essays.* Austin: University of Texas Press.

Barsalou, L. W. 1983. Ad hoc categories. *Memory and Cognition, 11,* 211–227.

———. 1999. Perceptual symbol systems. *Behavioral and Brain Sciences, 22,* 577–609.

———. 2005. Continuity of the conceptual system across species. *Trends in Cognitive Sciences, 9,* 309–311.

———. 2008. Grounded cognition. *Annual Review of Psychology, 59,* 617–645.

Behne, T., M. Carpenter, and M. Tomasello. 2005. One-year-olds comprehend the communicative intentions behind gestures in a hiding game. *Developmental Science, 8,* 492–499.

Behne, T., U. Liszkowski, M. Carpenter, and M. Tomasello. 2012. Twelve-month-olds' comprehension and production of pointing. *British Journal of Developmental Psychology, 30*(3), 359–375.

생각의 기원

Bennett, M., and F. Sani. 2008. Children's subjective identification with social groups: A self-stereotyping approach. *Developmental Science, 11,* 69–78.

Bermúdez, J. 2003. *Thinking without words.* New York: Oxford University Press.

Bickerton, D. 2009. *Adam's tongue.* New York: Hill and Wang.

Boehm, C. 2012. *Moral origins.* New York: Basic Books.

Boesch, C. 2005. Joint cooperative hunting among wild chimpanzees: Taking natural observations seriously. *Behavioral and Brain Sciences, 28,* 692–693.

Boesch, C., and H. Boesch 1989. Hunting behavior of wild chimpanzees in the Taï National Park. *American Journal of Physical Anthropology, 78,* 547–573.

Brandom, R. 1994. *Making it explicit: Reasoning, representing, and discursive commitment.* Cambridge, MA: Harvard University Press.

———. 2009. *Reason in philosophy: Animating ideas.* Cambridge, MA: Harvard University Press.

Bratman, M. 1992. Shared cooperative activity. *Philosophical Review, 101*(2),327–341.

Brownell, C. A., and M. S. Carriger. 1990. Changes in cooperation and self-other differentiation during the second year. *Child Development, 61,* 1164–1174.

Bruner, J. 1972. The nature and uses of immaturity. *American Psychologist, 27,* 687–708.

Bullinger, A., A. Melis, and M. Tomasello. 2011a. Chimpanzees prefer individual over cooperative strategies toward goals. *Animal Behaviour, 82.* 1135–1141.

———. 2013. Bonobos, *Pan paniscus,* chimpanzees, *Pan troglodytes,* and marmosets, *Callithrix jacchus,* prefer to feed alone. *Animal Behavior, 85,* 51–60.

Bullinger, A., E. Wyman, A. Melis, and M. Tomasello. 2011b. Chimpanzees coordinate in a stag hunt game. *International Journal of Primatology, 32,* 1296–1310.

Bullinger, A., F. Zimmerman, J. Kaminski and M. Tomasello. 2011c. Different social motives in the gestural communication of chimpanzees and human children. *Developmental Science, 14,* 58–68.

Buttelmann, D., M. Carpenter, J. Call, and M. Tomasello. 2007. Enculturated apes imitate rationally. *Developmental Science, 10,* F31–38.

Buttelmann, D., M. Carpenter, and M. Tomasello. 2009. Eighteen-month-old infants show false belief understanding in an active helping paradigm. *Cognition,*

*112*(2), 337–342.

Call, J. 2001. Object permanence in orangutans (*Pongo pygmaeus*), chimpanzees (*Pan troglodytes*), and children (*Homo sapiens*). *Journal of Comparative Psychology, 115*, 159–171.

———. 2004. Inferences about the location of food in the great apes. *Journal of Comparative Psychology, 118*(2), 232–241.

———. 2006. Descartes' two errors: Reasoning and reflection from a comparative perspective. In S. Hurley and M. Nudds, eds., *Rational animals.* (pp. 219–34). Oxford: Oxford University Press.

———. 2010. Do apes know that they can be wrong? *Animal Cognition, 13*, 689–700.

Call, J., and M. Tomasello. 1996. The effect of humans on the cognitive development of apes. In A. E. Russon, K. A. Bard, and S. T. Parker, eds., *Reaching into thought* (pp. 371–403). New York: Cambridge University Press.

———. 2005. What chimpanzees know about seeing, revisited: An explanation of the third kind. In N. Eilan, C. Hoerl, T. McCormack, and J. Roessler, eds., *Joint attention: Communication and other minds* (pp. 45–64). Oxford: Oxford University Press.

———. 2007. *The gestural communication of apes and monkeys.* Mahwah, NJ: Lawrence Erlbaum.

———. 2008. Does the chimpanzee have a theory of mind: 30 years later. *Trends in Cognitive Science, 12*, 87–92.

Callaghan, T., H. Moll, H. Rakoczy, T. Behne, U. Liszkowski, and M. Tomasello. 2011. *Early social cognition in three cultural contexts.* Monographs of the Society for Research in Child Development 76(2). Boston: Wiley-Blackwell.

Candland, D. K. 1995. *Feral children and clever animals: Reflections on human nature.* Oxford: Oxford University Press.

Carey, S. 2009. *The origin of concepts.* New York: Oxford University Press.

Carpenter, M., K. Nagel, and M. Tomasello 1998. *Social cognition, joint attention, and communicative competence from 9 to 15 months of age.* Monographs of the Society for Research in Child Development 63(4). Chicago: University of Chicago Press.

Carpenter, M., M. Tomasello, and T. Striano. 2005. Role reversal imitation in 12 and 18 month olds and children with autism. *Infancy, 8*, 253–278.

Carruthers, P. 2006. *The architecture of the mind*. Oxford: Oxford University Press.

Carruthers, P., and M. Ritchie. 2012. The emergence of metacognition: Affect and uncertainty in animals. In M. Beran et al., eds., *Foundations of metacognition*. (pp. 211–37). New York: Oxford University Press.

Chapais, B. 2008. *Primeval kinship: How pair-bonding gave birth to human society*. Cambridge, MA: Harvard University Press.

Chase, P. 2006. *The emergence of culture*. New York: Springer.

Chwe, M. S.-Y. 2003. *Rational ritual: Culture, coordination and common knowledge*. Princeton, NJ: Princeton University Press.

Clark, H. 1996. *Uses of language*. Cambridge: Cambridge University Press.

Collingwood, R. 1946. *The idea of history*. Oxford: Clarendon Press.

Coqueugniot, H., J.-J. Hublin, F. Veillon, F. Houet, and T. Jacob. 2004. Early brain growth in Homo erectus and implications for cognitive ability. *Nature, 231*, 299–302.

Corballis, M. 2011. *The recursive mind*. Princeton, NJ: Prince ton University Press.

Crane, T. 2003. *The mechanical mind: A philosophical introduction to minds, machines and mental representation*. 2nd ed. New York: Routledge.

Crockford, C., R. M. Wittig, R. Mundry, and K. Zuberbuehler. 2011. Wild chimpanzees inform ignorant group members of danger. *Current Biology, 22*, 142–146.

Croft, W. 2001. *Radical construction grammar*. Oxford: Oxford University Press.

Csibra, G., and G. Gergely. 2009. Natural pedagogy. *Trends in Cognitive Sciences, 13*, 148–153.

Custance, D. M., A. Whiten, and K. A. Bard. 1995. Can young chimpanzees imitate arbitrary actions? Hayes and Hayes (1952) revisited. *Behaviour, 132*, 839–858.

Darwall, S. 2006. *The second-person standpoint: Respect, morality, and accountability*. Cambridge, MA: Harvard University Press.

Darwin, C. 1859. *The origin of species*. London: John Murray.

———. 1871. *The descent of man*. London: John Murray.

Davidson, D. 1982. Rational Animals. *Dialectica, 36*, 317–327.

———. 2001. *Subjective, intersubjective, objective*. Oxford: Clarendon Press.

Dean, L. G., R. L. Kendal, S. J. Schapiro, B. Thierry, and K. N. Laland. 2012.Identification of the social and cognitive processes underlying human cumulative culture. *Science, 335*, 1114–1118.

Dennett, D. 1995. *Darwin's dangerous ideas*. New York: Simon and Schuster.

de Waal, F. B. M. 1999. Anthropomorphism and anthropodenial: Consistency in our thinking about humans and other animals. *Philosophical Topics, 27*, 255–280.

Diesendruck, G., N. Carmel, and L. Markson. 2010. Children's sensitivity to the conventionality of sources. *Child Development, 81*, 652–668.

Diessel, H., and M. Tomasello. 2001. The acquisition of finite complement clauses in English: A usage based approach to the development of grammatical constructions. *Cognitive Linguistics, 12*, 97–141.

Donald, M. 1991. *Origins of the modern mind*. Cambridge, MA: Harvard University Press.

Dunbar, R. 1998. The social brain hypothesis. *Evolutionary Anthropology, 6*, 178–190.

Engelmann, J., E. Herrmann, and M. Tomasello. 2012. Five-year olds, but not chimpanzees, attempt to manage their reputations. *PLoS ONE, 7*(10), e48433.

Engelmann, J., H. Over, E. Herrmann, and M. Tomasello. In press. Young children care more about their reputations with ingroup than with outgroup members. *Developmental Science*.

Evans, G. 1982. The varieties of reference. In J. McDowell, ed., *The varieties of reference*. (pp. 73–100). Oxford: Oxford University Press.

Fletcher, G., F. Warneken, and M. Tomasello. 2012. Differences in cognitive processes underlying the collaborative activities of children and chimpanzees. *Cognitive Development, 27*, 136–153.

Fragaszy, D., P. Izar, and E. Visalberghi. 2004. Wild capuchin monkeys use anvils and stone pounding tools. *American Journal of Primatology, 64*, 359–366.

Gallotti, M. 2012. A naturalistic argument for the irreducibility of collective intentionality. *Philosophy of the Social Sciences, 42*(1), 3–30.

Geertz, C. 1973. *The interpretation of cultures*. New York: Basic Books.

Gentner, D. 2003. Why we're so smart. In D. Gentner and S. Goldin-Meadow, eds., *Language in mind: Advances in the study of language and thought* (pp. 195–235). Cambridge, MA: The MIT Press.

Gergely, G., H. Bekkering, and I. Király. 2002. Rational imitation in preverbal infants, *Nature, 415*, 755.

Gigerenzer, G., and R. Selton. 2001. *Bounded rationality: The adaptive toolbox*.

Cambridge, MA: The MIT Press.

Gilbert, M. 1983. Notes on the concept of social convention. *New Literary History,* *14*, 225–251.

———. 1989. *On social facts.* London: Routledge.

———. 1990. Walking together: A paradigmatic social phenomenon. *Midwest Studies in Philosophy, 15*, 1–14.

Gilby, I. C. 2006. Meat sharing among the Gombe chimpanzees: Harassment and reciprocal exchange. *Animal Behaviour, 71*(4), 953–963.

Givón, T. 1995. *Functionalism and grammar.* Amsterdam: J. Benjamins.

Goeckeritz, S., M. Schmidt, and M. Tomasello. Unpublished manuscript. How children make up and enforce their own rules.

Goldberg, A. 1995. *Constructions: A construction grammar approach to argument structure.* Chicago: University of Chicago Press.

———. 2006. *Constructions at work.* Oxford: Oxford University Press.

Goldin-Meadow, S. 2003. *The resilience of language: What gesture creation in deaf children can tell us about how all children learn language.* New York: Psychology Press.

Gomez, J. C. 2007. Pointing behaviors in apes and human infants: A balanced perspective. *Child Development, 78*, 729–734.

Gowlett, J., C. Gamble, and R. Dunbar. 2012. Human evolution and the archaeology of the social brain. *Current Anthropology, 53*, 693–722.

Gräfenhain, M., T. Behne, M. Carpenter, and M. Tomasello. 2009. Young children's understanding of joint commitments. *Developmental Psychology, 45*, 1430–1443.

Greenberg, J. R., K. Hamann, F. Warneken, and M. Tomasello. 2010. Chimpanzee helping in collaborative and non-collaborative contexts. *Animal Behaviour, 80*, 873–880.

Greenfield, P. M., and E. S. Savage-Rumbaugh. 1990. Grammatical combination in *Pan paniscus*: Processes of learning and invention in the evolution and development of language. In S. T. Parker and K. R. Gibson, eds., *"Language" and intelligence in monkeys and apes* (pp. 540–578). Cambridge: Cambridge University Press.

———. 1991. Imitation, grammatical development, and the invention of protogrammar by an ape. In N. A. Krasnegor, D. M. Rumbaugh, R. L.

Schiefelbusch, and M. Studdert-Kennedy, eds., *Biological and behavioral determinants of language development* (pp. 235–258). Hillsdale, NJ: Lawrence Erlbaum.

Grice, H. P. 1957. Meaning. *Philosophical Review, 66*, 377–388.

———. 1975. Logic and conversation. In P. Cole and J. Morgan, eds., *Syntax and semantics*, Vol. 3 (pp. 41–58). New York: Academic Press.

Gundel, J., N. Hedberg, and R. Zacharski. 1993. Cognitive status and the form of referring expressions in discourse. *Language, 69*, 274–307.

Haidt, J. 2012. *The righteous mind.* New York: Pantheon.

Hamann, K., F. Warneken, J. Greenberg, and M. Tomasello. 2011. Collaboration encourages equal sharing in children but not chimpanzees. *Nature, 476*, 328–331.

Hamann, K., F. Warneken, and M. Tomasello. 2012. Children's developing commitments to joint goals. *Child Development, 83*(1), 137–145.

Hampton, R. R. 2001. Rhesus monkeys know when they remember. *Proceedings of the National Academy of Sciences of the United States of America, 98*(9), 5359–5362.

Hare, B. 2001. Can competitive paradigms increase the validity of experiments on primate social cognition. *Animal Cognition, 4*, 269–280.

Hare, B., and M. Tomasello. 2004. Chimpanzees are more skillful in competitive than in cooperative cognitive tasks. *Animal Behaviour, 68*, 571–581.

Hare, B., J. Call, B. Agnetta, and M. Tomasello. 2000. Chimpanzees know what conspecifics do and do not see. *Animal Behaviour, 59*, 771–785.

Hare, B., J. Call, and M. Tomasello. 2001. Do chimpanzees know what conspecifics know? *Animal Behaviour, 61*(1), 139–151.

———. 2006. Chimpanzees deceive a human by hiding. *Cognition, 101*, 495–514.

Harris, P. 1991. The work of the imagination. In A. Whiten, ed., *Natural theories of mind* (pp. 283–304). Oxford: Blackwell.

Haun, D. B. M., and J. Call. 2008. Imitation recognition in great apes. *Current Biology, 18*(7), 288–290.

Haun, D. B. M., and M. Tomasello. 2011. Conformity to peer pressure in preschool children. *Child Development, 82*, 1759–1767.

Hawkes, K. 2003. Grandmothers and the evolution of human longevity. *American Journal of Human Biology, 15*, 380–400.

Hegel, G. W. F. 1807. *Phänomenologie des Geistes.* Bamberg: J. A. Goebhardt.

Herrmann, E., and M. Tomasello. 2012. Human cultural cognition. In J. Mitani, ed., *The evolution of primate societies.* (pp. 701–14). Chicago: University Chicago Press.

Herrmann, E., A. Melis, and M. Tomasello. 2006. Apes' use of iconic cues in the object choice task. *Animal Cognition, 9,* 118–130.

Herrmann, E., A. Misch, and M. Tomasello. Submitted. Uniquely human self-control begins at school age.

Herrmann, E., J. Call, M. Lloreda, B. Hare, and M. Tomasello. 2007. Humans have evolved specialized skills of social cognition: The cultural intelligence hypothesis. *Science, 317,* 1360–1366.

Herrmann, E., M. V. Hernandez-Lloreda, J. Call, B. Hare, and M. Tomasello. 2010. The structure of individual differences in the cognitive abilities of children and chimpanzees. *Psychological Science, 21,* 102–110.

Herrmann, E., V. Wobber, and J. Call. 2008. Great apes' (Pan troglodytes, Pan paniscus, Gorilla gorilla, Pongo pygmaeus) understanding of tool functional properties after limited experience. *Journal of Comparative Psychology, 122,* 220–230.

Heyes, C. M. 2005. Imitation by association. In S. Hurley and N. Chater, eds. *Perspectives on imitation: From mirror neurons to memes.* (pp. 51–76). Cambridge, MA: The MIT Press.

Hill, K. 2002. Altruistic cooperation during foraging by the Ache, and the evolved human predisposition to cooperate. *Human Nature, 13*(1), 105–128.

Hill, K., and A. M. Hurtado. 1996. *Ache life history: The ecology and demography of a foraging people.* New York: Aldine de Gruyter.

Hirata, S. 2007. Competitive and cooperative aspects of social intelligence in chimpanzees. *Japanese Journal of Animal Psychology, 57,* 29–40.

Hobson, P. 2004. *The cradle of thought: Exploring the origins of thinking.* London: Pan Books.

Hrdy, S. 2009. *Mothers and others: The evolutionary origins of mutual understanding.* Cambridge, MA: Harvard University Press.

Johnson, M. 1987. *The body in the mind.* Chicago: University of Chicago Press.

Kahneman, D. 2011. *Thinking, fast and slow.* New York: Farrar, Strauss, and Giroux.

Kaminski, J., J. Call, and M. Tomasello. 2008. Chimpanzees know what others know, but not what they believe. *Cognition, 109*, 224–234.

Karmiloff-Smith, A. 1992. Beyond modularity: *A developmental perspective on cognitive science*. Cambridge, MA: The MIT Press.

Kobayashi, H., and S. Kohshima. 2001. Unique morphology of the human eye and its adaptive meaning: Comparative studies on external morphology of the primate eye. *Journal of Human Evolution, 40*, 419–435.

Korsgaard, C. M. 2009. *Self-constitution: Agency, identity, and integrity*. New York: Oxford University Press.

Krachun, C., M. Carpenter, J. Call, and M. Tomasello. 2009. A competitive nonverbal false belief task for children and apes. *Developmental Science, 12*, 521–535.

———. 2010. A new change-of-contents false belief test: Children and chimpanzees compared. *International Journal of Comparative Psychology, 23*, 145–165.

Kuhlmeier, V. A., S. T. Boysen, and K. L. Mukobi. 1999. Scale model comprehension by chimpanzees (*Pan troglodytes*). *Journal of Comparative Psychology, 113*, 396–402.

Kummer, H. 1972. *Primate societies: Group techniques of ecological adaptation*. Chicago: Aldine-Atherton.

Lakoff , G., and M. Johnson. 1979. *Metaphors we live by*. Chicago: University of Chicago Press.

Langacker, R. 1987. *Foundations of cognitive grammar*, Vol. 1. Stanford, CA: Stanford University Press.

———. 2000. A dynamic usage-based model. In M. Barlow and S. Kemmerer, eds., *Usage-based models of language* (pp. 1– 64). Stanford, CA: SLI Publications.

Lefebvre, C. 2006. *Creole genesis and the acquisition of grammar*. Cambridge: Cambridge University Press.

Leslie, A. 1987. Pretense and representation: The origins of "theory of mind." *Psychological Review, 94*, 412–426.

Levinson, S. C. 1995. Interactional biases in human thinking. In E. Goody, ed., *Social intelligence and interaction* (pp. 221–260). Cambridge: Cambridge University Press.

———. 2000. *Presumptive meanings: The theory of generalized conversational implicature*. Cambridge, MA: The MIT Press.

———. 2006. On the human interactional engine. In N. Enfield and S. Levinson, eds., *Roots of human sociality* (pp. 39–69). New York: Berg.

Lewis, C. I., and C. H. Langford. 1932. *Symbolic logic*. London: Century.

Lewis, D. 1969. *Convention*. Cambridge, MA: Harvard University Press.

Liddell, S. 2003. *Grammar, gesture, and meaning in American Sign Language*. Cambridge: Cambridge University Press.

Liebal, K., T. Behne, M. Carpenter, and M. Tomasello. 2009. Infants use shared experience to interpret pointing gestures. *Developmental Science, 12*, 264–271.

Liebal, K., J. Call, and M. Tomasello. 2004. The use of gesture sequences by chimpanzees. *American Journal of Primatology, 64*, 377–396.

Liebal, K., M. Carpenter, and M. Tomasello. 2010. Infants' use of shared experience in declarative pointing. *Infancy, 15*(5), 545–556.

———. 2011. Young children's understanding of markedness in nonverbal communication. *Journal of Child Language, 38*, 888–903.

———. 2013. Young children's understanding of cultural common ground. *British Journal of Developmental Psychology, 31*(1), 88–96.

Liszkowski, U., M. Carpenter, T. Striano, and M. Tomasello. 2006. 12- and 18-month-olds point to provide information for others. *Journal of Cognition and Development, 7*, 173–187.

Liszkowski, U., M. Carpenter, and M. Tomasello. 2008. Twelve-month-olds communicate helpfully and appropriately for knowledgeable and ignorant partners. *Cognition, 108*, 732–739.

Liszkowski, U., M. Schäfer, M. Carpenter, and M. Tomasello. 2009. Prelinguistic infants, but not chimpanzees, communicate about absent entities. *Psychological Science, 20*, 654–660.

MacWhinney, B. 1977. Starting points. *Language, 53*, 152–168.

Mandler, J. M. 2012. On the spatial foundations of the conceptual system and its enrichment. *Cognitive Science, 36*, 421–451.

Marín Manrique, H., A. N. Gross, and J. Call. 2010. Great apes select tools on the basis of their rigidity. *Journal of Experimental Psychology: Animal Behavior Processes, 36*(4), 409–422.

Markman, A., and H. Stillwell. 2001. Role-governed categories. *Journal of Experimental and Theoretical Artificial Intelligence, 13*, 329–358.

Maynard Smith, J., and M. Szathmáry. 1995. *Major transitions in evolution*. Oxford:

W. H. Freeman Spektrum.

Mead, G. H. 1934. *Mind, self, and society* (ed. C. W. Morris). Chicago: University of Chicago Press.

Melis, A., J. Call, and M. Tomasello. 2006a. Chimpanzees conceal visual and auditory information from others. *Journal of Comparative Psychology, 120,* 154–162.

Melis, A., B. Hare, and M. Tomasello. 2006b. Chimpanzees recruit the best collaborators. *Science, 31,* 1297–1300.

———. 2009. Chimpanzees coordinate in a negotiation game. *Evolution and Human Behavior, 30,* 381–392.

Mendes, N., H. Rakoczy, and J. Call. 2008. Ape metaphysics: Object individuation without language. *Cognition, 106*(2), 730–749.

Mercier, H., and D. Sperber. 2011. Why do humans reason? Arguments for an argumentative theory. *Behavioural and Brain Sciences, 34*(2), 57–74.

Millikan, R. G. 1987. *Language, thought, and other biological categories. New foundations for realism.* Cambridge, MA: The MIT Press.

Mitani, J., J. Call, P. Kappeler, R. Palombit, and J. Silk, eds. 2012. *The evolution of primate societies.* Chicago: University of Chicago Press.

Mithen, S. 1996. *The prehistory of the mind.* New York: Phoenix Books.

Moll, H., and M. Tomasello 2007. Cooperation and human cognition: The Vygotskian intelligence hypothesis. *Philosophical Transactions of the Royal Society of London, Series B: Biological Sciences, 362,* 639–648.

———. 2012. Three-year-olds understand appearance and reality—just not about the same object at the same time. *Developmental Psychology, 48,* 1124–1132.

———. In press. Social cognition in the second year of life. In A. Leslie and T. German, eds., *Handbook of Theory of Mind.* New York: Taylor and Francis.

Moll, H., C. Koring, M. Carpenter, and M. Tomasello. 2006. Infants determine others' focus of attention by pragmatics and exclusion. *Journal of Cognition and Development, 7,* 411–430.

Moll, H., A. Meltzoff, K. Mersch, and M. Tomasello. 2013. Taking versus confronting visual perspectives in preschool children. *Developmental Psychology, 49*(4), 646–654.

Moore, R. In press. Cognizing communicative intent. *Mind and Language.*

Mulcahy, N. J., and J. Call. 2006. Apes save tools for future use. *Science, 312,* 1038–

040.

Muller, M. N., and J. C. Mitani. 2005. Conflict and cooperation in wild chimpanzees. *Advances in the Study of Behavior, 35,* 275–331.

Nagel, T. 1986. *The view from nowhere.* New York: Oxford University Press.

Okrent, M. 2007. *Rational animals: The teleological roots of intentionality.* Athens: Ohio University Press.

Olson, D. 1994. *The world on paper.* Cambridge: Cambridge University Press.

Onishi, K. H., and R. Baillargeon. 2005. Do 15-month-old infants understand false beliefs? *Science, 308,* 255–258.

Peirce, C. S. 1931–1958. *Collected writings* (ed. C. Hartshorne, P. Weiss, and A. W. Burks). 8 vols. Cambridge, MA: Harvard University Press.

Penn, D. C., K. J. Holyoak, and D. J. Povinelli. 2008. Darwin's mistake: Explaining the discontinuity between human and nonhuman minds. *Behavioral and Brain Sciences, 31,* 109–178.

Perner, J. 1991. *Understanding the representational mind.* Cambridge, MA: The MIT Press.

Piaget, J. 1928. Genetic logic and sociology. Reprinted in J. Piaget, *Sociological studies* (ed. L. Smith). New York: Routledge, 1995.

———. 1952. *The origins of intelligence in children.* New York: W.W. Norton.

———. 1971. *Biology and knowledge.* Chicago: University of Chicago Press.

Povinelli, D. 2000. *Folk physics for apes: Th e chimpanzee's theory of how the world works.* New York: Oxford University Press.

Povinelli, D. J., and D. O'Neill. 2000. Do chimpanzees use their gestures to instruct each other? In S. Baron-Cohen, H. Tager-Flusberg, and D. Cohen, eds., *Understanding other minds: Perspectives from developmental cognitive neuroscience,* 2nd ed. (pp. 111–33). Oxford: Oxford University Press.

Rakoczy, H., and M. Tomasello. 2007. The ontogeny of social ontology: Steps to shared intentionality and status functions. In S. Tsohatzidis, ed., *Intentional acts and institutional facts* (pp. 113–137). Dordrecht: Springer.

Rakoczy, H., F. Warneken, and M. Tomasello. 2008. The sources of normativity: Young children's awareness of the normative structure of games. *Developmental Psychology, 44,* 875–881.

Rekers, Y., D. Haun, and M. Tomasello. 2011. Children, but not chimpanzees, prefer to forage collaboratively. *Current Biology, 21,* 1756–1758.

Richerson, P., and R. Boyd. 2006. *Not by genes alone: How culture transformed human evolution.* Chicago: University of Chicago Press.

Riedl, K., K. Jensen, J. Call, and M. Tomasello. 2012. No third-party punishment in chimpanzees. *Proceedings of the National Academy of Sciences of the United States of America, 109,* 14824–14829.

Rivas, E. 2005. Recent use of signs by chimpanzees (*Pan troglodytes*) in interactions with humans. *Journal of Comparative Psychology, 119*(4), 404–417.

Sandler, W., I. Meir, C. Padden, and M. Aronoff. 2005. The emergence of grammar: Systematic structure in a new language. *Proceedings of the National Academy of Sciences of the United States of America, 102*(7), 2661–2665.

Saussure, F. de. 1916. *Cours de linguistique générale* (ed. Charles Bailey and Albert Séchehaye).

Schelling, T. C. 1960. *The strategy of conflict.* Cambridge, MA: Harvard University Press.

Schmelz, M., J. Call, and M. Tomasello. 2011. Chimpanzees know that others make inferences. *Proceedings of the National Academy of Sciences of the United States of America, 108,* 17284–17289.

Schmidt, M., and M. Tomasello 2012. Young children enforce social norms. *Current Directions in Psychological Science, 21,* 232–236.

Schmidt, M., H. Rakoczy, and M. Tomasello. 2012. Young children enforce social norms selectively depending on the violator's group affiliation. *Cognition, 124,* 325–333.

Schmitt, V., B. Pankau, and J. Fischer. 2012. Old World monkeys compare to apes in the Primate Cognition Test Battery. *PLoS One, 7*(4), e32024.

Searle, J. 1995. *The construction of social reality.* New York: Free Press.

———. 2001. *Rationality in action.* Cambridge, MA: The MIT Press.

Sellars, W. 1963. *Empiricism and the philosophy of mind.* London: Routledge.

Senghas, A., S. Kita, and A. Özyürek. 2004. Children creating core properties of language: Evidence from an emerging sign language in Nicaragua. *Science, 305,* 1779–1782.

Shore, B. 1995. *Culture in mind: cognition, culture, and the problem of meaning.* New York: Oxford University Press.

Skyrms, B. 2004. *The stag hunt and the evolution of sociality.* Cambridge: Cambridge University Press.

Slobin, D. 1985. Crosslinguistic evidence for the language-making capacity. In D. I. Slobin, ed., *The crosslinguistic study of language acquisition*, Vol. 2: Theoretical issues (pp. 1157–1260). Hillsdale, NJ: Lawrence Erlbaum.

Smith, J. M., and Eörs Szathmáry (1995). *The Major Transitions in Evolution*. Oxford, England: Oxford University Press.

Southgate, V., C. van Maanen, and G. Csibra. 2007. Infant pointing: Communication to cooperate or communication to learn? *Child Development, 78*(3), 735–774.

Sperber, D. 1994. The modularity of thought and the epidemiology of representations. In L. A. Hirschfeld and S. A. Gelman, eds., *Mapping the mind* (pp. 39–67). Cambridge: Cambridge University Press.

———. 1996, *Explaining culture: A naturalistic approach*. Oxford: Blackwell.

———. 2000. Metarepresentations in an evolutionary perspective. In Dan Sperber, ed., *Metarepresentations: A multidisciplinary perspective.* (pp. 219–34). Oxford: Oxford University Press.

Sperber, D., and D. Wilson. 1996. *Relevance: Communication and cognition.* 2nd ed. Oxford: Basil Blackwell.

Sperber, D., F. Clément, C. Heintz, O. Mascaro, H. Mercier, G. Origgi, and D. Wilson. 2010. Epistemic vigilance. *Mind and Language, 25*(4), 359–393.

Sterelny, K. 2003. *Thought in a hostile world: The evolution of human cognition.* London: Blackwell.

———. 2012. *The evolved apprentice*. Cambridge, MA: The MIT Press.

Stiner, M. C., R. Barkai, and A. Gopher. 2009. Cooperative hunting and meat sharing 400–200 kya at Qesem Cave, Israel. *Proceedings of the National Academy of Sciences of the United States of America, 106*(32), 13207–13212.

Talmy, L. 2003. The representation of spatial structure in spoken and signed language. In K. Emmorey, ed., *Perspectives on classifier constructions in sign language* (pp. 169–196). Mahwah, NJ: Lawrence Erlbaum.

Tanner, J. E., and R. W. Byrne. 1996. Representation of action through iconic gesture in a captive lowland gorilla. *Current Anthropology, 37*, 162–173.

Tennie, C., J. Call, and M. Tomasello. 2009. Ratcheting up the ratchet: On the evolution of cumulative culture. *Philosophical Transactions of the Royal Society of London, Series B: Biological Sciences, 364*, 2405–2415.

Thompson, R. K. R., D. L. Oden, and S. T. Boysen. 1997. Language-naive chimpanzees (*Pan troglodytes*) judge relations between relations in a conceptual matching-to-sample task. *Journal of Experimental Psychology: Animal Behavior Processes, 23,* 31– 43.

Tomasello, M. 1992. *First verbs: A case study of early grammatical development.* Cambridge: Cambridge University Press.

———. 1995. Joint attention as social cognition. In C. Moore and P. J. Dunham, eds., *Joint attention: Its origins and role in development.* (pp. 23–47). Hillsdale, NJ: Lawrence Erlbaum.

———. 1998. *The new psychology of language: Cognitive and functional approaches to language structure,* Vol. 1. Mahwah, NJ: Lawrence Erlbaum.

———. 1999. *The cultural origins of human cognition.* Cambridge, MA: Harvard University Press.

———. 2003a. *Constructing a language: A usage-based theory of language acquisition.* Cambridge, MA: Harvard University Press.

———, ed. 2003b. *The new psychology of language: Cognitive and functional approaches to language structure,* Vol. 2. Mahwah, NJ: Lawrence Erlbaum.

———. 2006. Why don't apes point? In N. J. Enfield and S. C. Levinson, eds., *Roots of human sociality* (pp. 506–524). Oxford: Berg.

———. 2008. *Origins of human communication.* Cambridge, MA: The MIT Press.

———. 2009. *Why we cooperate.* Cambridge, MA: The MIT Press.

———. 2011. Human culture in evolutionary perspective. In M. Gelfand, C.-y. Chiu, and Y.-y. Hong, eds., *Advances in culture and psychology,* Vol. 1 (pp. 5–51). New York: Oxford University Press.

Tomasello, M., and J. Call. 1997. *Primate cognition.* Oxford: Oxford University Press.

———. 2004. The role of humans in the cognitive development of apes revisited. *Animal Cognition, 7,* 213–215.

———. 2006. Do chimpanzees know what others see—or only what they are looking at? In S. Hurley and M. Nudds, eds., *Rational animals?* (pp. 371–84). Oxford: Oxford University Press.

Tomasello, M., and M. Carpenter. 2005. *The emergence of social cognition in three young chimpanzees.* Monographs of the Society for Research in Child Development 70(1). Boston: Blackwell.

Tomasello, M. and K. Haberl. 2003. Understanding attention: 12- and 18-month-olds know what's new for other persons. *Developmental Psychology, 39,* 906–912.

Tomasello, M., and K. Hamann. 2012. Collaboration in young children. *Quarterly Journal of Experimental Psychology, 65*, 1–12.

Tomasello, M., and H. Moll. 2013. why don't apes understand false beliefs? In M. Banaji and S. Gelman, eds., *The development of social cognition.* New York: Oxford University Press.

Tomasello, M., S. Savage-Rumbaug, and A. Kruger. 1993. Imitative learning of actions on objects by children, chimpanzees and enculturated chimpanzees. *Child Development, 64*, 1688–1705.

Tomasello, M., J. Call, and A. Gluckman. 1997. The comprehension of novel communicative signs by apes and human children. *Child Development, 68*, 1067–1081.

Tomasello, M., M. Carpenter, J. Call, T. Behne, and H. Moll. 2005. Understanding and sharing intentions: The origins of cultural cognition. *Behavioral and Brain Sciences, 28*, 675–691.

Tomasello, M., M. Carpenter, and U. Lizskowski. 2007a. A new look at infant pointing. *Child Development, 78*, 705–722.

Tomasello, M., B. Hare, H. Lehmann, and J. Call. 2007b. Reliance on head versus eyes in the gaze following of great apes and human infants: The cooperative eye hypothesis. *Journal of Human Evolution, 52*, 314–320.

Tomasello, M., A. Melis, C. Tennie, and E. Herrmann. 2012. Two key steps in the evolution of human cooperation: The interdependence hypothesis. *Current Anthropology, 56*, 1–20.

Tooby, J., and L. Cosmides. 1989. Evolutionary psychology and the generation of culture, part I. *Ethology and Sociobiology, 10*, 29–49.

———. 2013. Evolutionary psychology. *Annual Review of Psychology, 64*, 201–229.

Tuomela, R. 2007. *The philosophy of sociality: The shared point of view.* Oxford: Oxford University Press.

van Schaik, C. P., M. Ancrenaz, G. Borgen, B. Galdikas, C. D. Knott, I. Singleton, A. Suzuki, S. S. Utami, and M. Merrill. 2003. Orangutan cultures and the evolution of material culture. *Science, 299*, 102–105.

Von Uexküll, J. 1921. *Umwelt und innenwelt der tiere.* Berlin: Springer.

Vygotsky, L. 1978. *Mind in society: The development of higher psychological processes* (ed. M. Cole). Cambridge, MA: Harvard University Press.

Warneken, F., and M. Tomasello. 2009. Varieties of altruism in children and chimpanzees. *Trends in Cognitive Science, 13*, 397–402.

Warneken, F., F. Chen, and M. Tomasello. 2006. Cooperative activities in young children and chimpanzees. *Child Development, 77*, 640–663.

Warneken, F., B. Hare, A. Melis, D. Hanus, and M. Tomasello. 2007. Spontaneous altruism by chimpanzees and young children. *PLoS Biology, 5*(7), 414–420.

Warneken, F., M. Gräfenhain, and M. Tomasello. 2012. Collaborative partner or social tool? New evidence for young children's understanding of shared intentions in collaborative activities. *Developmental Science, 15*(1), 54–61.

Watts, D., and J. C. Mitani. 2002. Hunting behavior of chimpanzees at Ngogo, Kibale National Park, Uganda. *International Journal of Primatology, 23*, 1–28.

Whiten, A. 2010. A coming of age for cultural panthropology. In E. Lonsdorf, S. Ross, and T. Matsuzawa, eds., *The mind of the chimpanzee* (pp. 87–100). Chicago: Chicago University Press.

Whiten, A., and R. W. Byrne. 1988. *Machiavellian intelligence: Social expertise and the evolution of intellect in monkeys, apes and humans.* New York: Oxford University Press.

Whiten, A., J. Goodall, W. C. McGrew, T. Nishida, V. Reynolds, Y. Sugiyama, C. E. G. Tutin, R. Wrangham, and C. Boesch. 1999. Cultures in chimpanzees. *Nature, 399*, 682–685.

Wilson, E. O. 2012. *The social conquest of earth.* New York: Liveright.

Wittgenstein, L. 1955. *Philosophical investigations.* Oxford: Basil Blackwell.

Wobber, V., B. Hare, E. Herrmann, R. Wrangham, and M. Tomasello. In press. The evolution of cognitive development in *Homo* and *Pan. Developmental Psychobiology.*

Wyman, E., H. Rakoczy, and M. Tomasello. 2009. Normativity and context in young children's pretend play. *Cognitive Development, 24*(2), 146–155.

# 찾아보기

ㄱ

개념적 역할 의미론 182
개인 지향성 26, 31, 33, 35, 57, 62,
    63, 89, 121, 205, 211~213,
    216, 239~240
객관성 17, 74, 79, 89, 118, 127, 147~
    148, 180, 186~190
객관적-성찰적-규범적 생각 17, 113,
    127, 215
게르게이, 죄르지 46, 102
격문법 109
고럿, 존 207
공동 관심 15, 62, 63, 71, 78~81,
    83~84, 113, 140, 205, 212,
    221, 223, 234
공동 목적 18, 62~64, 71~73, 75,
    77~78, 81, 83, 87, 93, 113~
    114, 117~119, 125~126, 134,
    154, 187, 196~198, 203
공동 지향성 18, 57, 62~63, 89, 113,
    125, 127, 148, 194, 199, 207,
    213, 217, 221~225
공시적 131~132
관계적 사고 75~77, 196~197, 219
관련성 추론 89~90
광비원숭이 63

귀추법 40, 97~98, 115
규범적 자기규제 83, 176, 216
그라이스, 허버트 폴 16, 92, 119, 182
그래펜하인, 마리아 73
기계적 추론 31, 35
기븐, 타미 158
깁슨, 제임스 제롬 30

ㄴ
네안데르탈인 68, 217, 230
네이글, 토머스 189

ㄷ
다월, 스티븐 84, 174
대상 영속성 54, 225
던바, 로빈 207
데닛, 대니얼 33
데이비드슨, 도널드 27, 79, 140, 229, 230, 232
도구적 압력 121~122
도구적 합리성 34, 56, 210~211
도식 기반 개념 155
동사복합체 160
동일률 175

ㄹ
라코치, 하네스 145
랭거커, 로널드 웨인 30

랭퍼드, 쿠퍼 H. 218
레벨1 관점 획득 80
레벨2 관점 획득 80
레빈슨, 스티븐 C. 16, 98, 208
레슬리, 앨런 102
레이코프, 조지 108
루이스, 데이비드 K. 69~71, 138~139
루이스, 클래런스 어빙 218
리벌, 카챠 94, 99, 138
리처슨, 피터 J. 198
리츠코프스키, 울프 88, 98

ㅁ
마모셋원숭이 63
마크먼, 아트 76, 154
마키아벨리적 지능 57
만들러, 진 M. 109
매퀴니, 브라이언 159
멀케이, 니컬러스 J. 37
메이너드 스미스, 존 61, 215
몰, 헨리크 80, 95
무어, 리처드 119
문화적 공통 기반 132, 137~138, 141~
143, 147, 150~152, 156, 170,
178, 182, 214
문화적 관행 15, 132, 135~139, 142,
144, 156
미드, 조지 허버트 14, 18, 122, 168,

190, 232
미슨, 스티븐 201
믿음-욕구 모델 25

ㅂ

바흐친, 미하일 미하이로비치 19
베르무데스, 호세 루이스 37, 40
보이드, 로버트 198
부가적 전치사 164
부텔만, 다비드 46
브래트먼, 마이클 E. 73
브랜덤, 로버트 61, 176, 230
비고츠키, 레프 14, 19, 193, 232
비단털원숭이 63
비모순율 175
비트겐슈타인, 루트비히 14, 18, 23,
    52, 104, 151, 162, 232

ㅅ

사스마리, 에외르시 61, 215
사회적 관점 교환 140
사회적 두뇌 가설 207
사회적 딜레마(죄수의 딜레마) 64
사회적 자기관찰 82~83, 98, 100,
    123, 126~127, 132, 220, 223
상향식 공동 관심 78
상호 인정 84
샌들러, 웬디 163

설, 존 107, 145
성찰적 확신 201~202
셀러스, 윌프리드 131, 174, 209
셸링, 토머스 C. 69~71, 138
스터렐르니, 킴 207~208
스틸웰, 헌트 76, 154
스퍼버, 댄 16, 173, 200~201
슬로빈, 댄 109
실용적 추론 157, 182, 214

ㅇ

아이템 기반 도식 157
양자 간 공동 지향성 62, 213
언표내적 효력 162~163
에번스, G. 53
역할 기반 개념 154
역할 분류 76
오크렌트, 마크 33~34
외양-실제 구분 과제 80
워르네켄, 펠릭스 72
워프, 벤저민 리 179
원형 긍정 논법 37
원형 논리 41, 47, 202
원형 부정 논법 40, 47
원형 부정법 38, 40~41, 44, 47, 53
원형 조건부 37~38, 41, 44, 47, 53
윌슨, 디어더 16
이행적 추론 76

《인간 인지의 문화적 기원》 4, 239
《인간의 유래와 성선택》 229~230
인지적 유동성 202
인지적 자기관찰 47~49, 51, 56, 216
일반지능 195~196
일반화된 타인 190
일화기억 108

ㅈ
자연적인 교육법 102
자타 등가성 55, 74
재귀적 마음 읽기 69~70, 85, 234
적응적 전문화 24~25, 50, 204
전방 추론 38, 45, 47
정신적 결합기 110
정신적 시간여행 197
조정 딜레마 64
존슨, 마크 108
《종의 기원》 229
《주관적, 상호 주관적, 객관적》 229
주체 중립성 74, 143
중요한 타인 190
지위 기능 107, 144, 146
지향적 상태 6, 17, 113, 118~119,
    169, 171, 209, 213, 220
지향점 공유 가설 6, 16~17, 57, 125,
    194, 206, 217, 223, 234, 236
지향-행동 101

진사회성 곤충 63
집단 정체성 134~137, 185
집단의식 19, 132, 141~142, 147~148,
    178, 187~188, 214
집단 지향성 19, 57, 127, 139, 147, 188,
    194, 199, 215, 217, 221~225

ㅊ
추상적 언어 구문 179
추상적 지위 77
치브러, 게르게이 102

ㅋ
카너먼, 대니얼 16
카루더스, 피터 201
카펜터, 말린다 74
코발리스, 마이클 C. 197
코스가드, 크리스틴 186
코스마이즈, 레다 199~200
콜, 조지프 37~38, 47, 51
크로프트, 윌리엄 160~161
클라크, H. 16, 70, 164

ㅌ
타미, 레너드 109
톱니효과 135, 188
통시적 131~132
투비, 존 199~200

틀린 믿음 과제 80

ㅍ

퍼스, 찰스 샌더스 14, 218

펜, 데릭 C. 75, 77

포퍼식 학습 33

플레처, 그라체. E. 74

피아제, 장 13, 14, 31, 110

ㅎ

하만, 카타리나 72~73

하향식 공동 관심 78

합리적 모방 46

행동유도성 30

행동적 자기관찰 33, 48, 55~56

허디, 세라 블래퍼 208

허먼, 에스터 195~196

헤겔, 게오르크 빌헬름 프리드리히
        13~14

헤어, 브라이언 42~44

현생인류 68, 217, 233

협력적 의사소통 62, 71, 96, 98, 181,
        198, 203, 207~208, 210~212

호모 하이델베르겐시스 68, 84, 126,
        207, 230, 233

환원불가론 234

후방 추론 38, 40, 45, 46~47

# 생각의 기원

초판 1쇄 발행 | 2017년 12월 6일
초판 6쇄 발행 | 2023년 12월 4일

지은이 | 마이클 토마셀로
옮긴이 | 이정원

펴낸이 | 한성근
펴낸곳 | 이데아
출판등록 | 2014년 10월 15일 제2015-000133호
주    소 | 서울 마포구 월드컵로28길 6, 3층 (성산동)
전자우편 | idea_book@naver.com
전화번호 | 070-4208-7212
팩    스 | 050-5320-7212

ISBN 979-11-956501-9-4 03470

* 이 책은 한국출판문화산업진흥원의 출판콘텐츠 창작자금을 지원받아 제작되었습니다.